OPEN PARTNERS

JEUX DE CONSTRUCTION N°3

DU COVIVRE AU COVID

OPEN LAB 2021

UNE RÉVOLUTION MONDIALE ?

Les mois que nous venons de traverser se sont révélés, pour le monde, comme un véritable coup de tonnerre. Notre Lab, chez Open Partners, a pour tâche de mesurer les changements, les enjeux tactiques et stratégiques pour orienter notre action, dans le monde du bâtir, et dans notre combat pour une meilleure façon d'habiter, et donc de vivre.

Nous avons été gâtés.

Il y eut d'abord, pour commencer, les mois stratégiques d'une révolution annoncée dans l'habitat, en particulier pour certaines populations qui nous occupent tout particulièrement, à savoir les jeunes, étudiants et actifs. Les enjeux de cette révolution (déclinée dans plusieurs noms dont la consonance anglo-saxonne ne doit pas nous cacher trop longtemps les enjeux hexagonaux : co-working, co-living…) sont immenses, et nous sommes non seulement très loin de savoir en quoi elle va vraiment consister, mais aussi de mesurer ses conséquences.

Révolution dans la façon de travailler, révolution dans la façon de vivre, révolution, qui sait, dans la société ou même dans la civilisation ? Civilisation qui, depuis le XIXe siècle, a mis en avant les grandes divisions du monde entre l'économie agricole et l'économie industrielle, organisant les villes en conséquence (car il y a belle lurette que les paysans pratiquent le co-working et le co-living), sur le modèle d'une séparation de la sphère de l'existence privée et de celle de l'existence professionnelle. C'est la bourgeoisie dominante qui a su formuler, avec beaucoup de puissance alors, cette organisation et même cet idéal d'un travail sérieux, productif et épanouissant dans des entreprises qui se localisaient dans des sièges et des bureaux, contrepartie de la demeure privée, grande pour le patron, petite pour l'ouvrier, mais chacun « roi dans son royaume ». Qui n'a pas en tête les chansons de M. Banks dans Mary Poppins, qui « mène une vie aisée » et s'en enchante, peu conscient des tempêtes qui l'attendent, et vont durablement changer son *home sweet home* ? Car ce sage et modeste employé d'une grande banque de la City est véritablement « le roi », chez lui, appuyé sur les traditions domestiques anglaises comme Victoria (ou Elisabeth) sur les traditions de la couronne ; au monde du travail, un énorme et arrogant bâtiment est dévolu, celui de sa banque, et chez lui, une petite maison aux proportions extérieures modestes, mais qui révèle des espaces spacieux, où chacun est à l'aise avec « dignité » et « civilisation ».

La dimension profondément dichotomique des deux mondes est accentuée par la différence d'attitude de Banks dans un lieu et l'autre ; au siège de la banque, il baisse la tête ; chez lui, il énonce bruyamment ses principes et ses lois domestiques. Par ailleurs, il ne sera jamais question de parler de son travail « avec Mme

Banks ». Une fois encore, la frontière entre les deux sphères est bien infranchissable, précisément parce que ce sont plus des sphères que des territoires différents sur une même carte.

Avec la révolution du digital, tout change, parce que les repères se dématérialisent.

D'une part, la doctrine selon laquelle un pôle d'activité économique devait non seulement s'organiser mais aussi se *signaler* par un lieu propre est mise à mal, pour une raison essentielle : le travail est désormais *médié* par un instrument universel, qui fut d'abord l'ordinateur, dernier objet avant la dématérialisation ultime, puis enfin un *réseau* (lequel devient principal, tandis que l'ordinateur y devient auxiliaire ; bien entendu, d'autres perspectives se profilent, avec l'I.A., le cerveau connecté, et la possibilité d'un nouveau totalitarisme, avec la fin de l'existence personnelle. Tout le fantasme de la vieille S.F. semble prendre corps. Mais c'est une autre histoire… pour le moment !)

En attendant, le travail n'est plus vissé à un lieu, quand bien même le distanciel induit aussi le besoin de se réunir plus souvent, ce qui n'est pas le dernier des paradoxes ; il n'est plus question, dans ce qu'on appelait jadis le travail des « cadres de l'entreprise », de noircir le papier des comptes, des plans stratégiques, des contrats au *bureau,* mais sur son *ordi.* Ce qui veut dire que, possiblement, il n'est plus nécessaire de les ranger, tous, dans une *armoire,* et toutes les armoires dans des salles d'archive – pas plus, d'ailleurs, qu'il serait nécessaire que les rédacteurs soient chacun dans leur bureau. L'open space, le vaste « plateau » hérité des salles de rédaction journalistiques, ou encore, si l'on veut être plus corrosif, du *tailorisme,* mais étendu à toute l'économie, fut un signe fort de cette évolution, mais encore inachevée.

Car on pourrait imaginer que la fin de l'évolution, ce serait tout simplement la disparition du bureau tel qu'on l'avait connu, depuis la révolution industrielle.

C'est dans ce cadre que le co-working et le co-living ont contribué à accélérer ces mutations, non sans brouiller d'ailleurs quelques repères ancestraux.

Car si l'on travaille dans la même pièce sans appartenir nécessairement à la même société, c'est que la réunion dans un lieu a moins de sens qu'avant ; ou bien, ce qui n'est pas nécessairement contradictoire, que c'est la façon de faire – travailler, chercher, sur son ordinateur, en réseau – qui compte plus que le groupe ou la société pour qui on le fait – si c'est bien pour une société qu'on travaille.

Mais si au fond on travaille pour soi, comment créer le lien social, comment "networker" en "distanciel", ce nouveau mot à la mode ? Comment remplacer l'idée qui vient du hasard de la rencontre, comment permettre la fin d'un malentendu qui vient du courage de la rencontre, ou de son hasard dans les couloirs de la société ?

En ce qui concerne les *sociétés*, la question des *start-up,* à savoir des sociétés naissantes (ce sujet nous occupe tout particulièrement, puisque nous développons, dans cette perspective, des *résidences pépinières)*, appuyées essentiellement sur une *idée,* et donc sur un projet à venir (et donc surtout sur des entrepreneurs tenaces, ces aventuriers d'aujourd'hui, qui risquent souvent tout à chaque nouveau projet) a pendant de nombreuses années joué un rôle de pionnier, incitant les entreprises qui n'en étaient pas à adopter une part de leur culture[1]. Il en est résulté ces vastes espaces qui se sont voulus, autant que possible, plaisants, d'autant plus que leur destination devenait moins univoque, moins monolithique. Par ailleurs, l'origine californienne de ce modèle, et donc la culture d'entreprise contemporaine américaine a largement énoncé les canons de ce mode d'organisation, si possible « jeune », toute proche des espaces dits outre-Atlantique « d'entertainment » – le fameux baby-foot, ou parfois, chez les meilleurs d'entre eux, les lits à sieste, transformant tout soudain l'espace austère de l'entreprise en joyeux bordel post-estudiantin.

Et c'est justement là qu'insensiblement, on en est venu à prolonger cette expérience du co-working, où les barrières et les codes de l'entreprise ancienne avaient été ébréchés, en co-living, c'est-à-dire, en conséquence du progrès galopant du digital, dans une abolition de la frontière privé-public.

Car tout commence, dans le co-living, par l'économie.

L'espace de co-working devient si *fun,* si détendu qu'il ressemble à un « chez soi » (trop, d'ailleurs ? Est-ce pour cela que de nouvelles dénominations ont fleuri, comme le concept de « pro-working ? ») Alors, tout naturellement, mon « chez moi » peut devenir un espace de co-working. Et une fois admis le fait qu'après tout, un lieu n'est plus *soit* celui du travail,

---

1. C'est la possibilité féconde de la start up, car les entreprises ont fait leur mue des « multi-strates » grasses de management qui ont trop souvent montré leur inefficacité. Ce sont les Etats qui souvent – en tout cas en France – n'ont pas fait leur réforme (le centralisme monarchique ne peut se satisfaire d'une vraie décentralisation ou du principe de subsidiarité…)

soit celui de la vie privée, on peut décider de vivre dans un espace privé avec de quasi-inconnus – avec, en tous cas, des gens qui échappent à ma sphère. C'est ainsi qu'année après année, s'est accomplie la lente mutation dont nous sommes les témoins tantôt admiratifs, tantôt inquiets. Nous, professionnels de l'immobilier, qui avons autant pour tâche d'accompagner les évolutions de l'habitat, que de proposer des projets qui contribuent à l'améliorer.

Pourtant, derrière ce dessin à gros traits, une réalité bien plus complexe se cachait. D'abord, *tous* les espaces de co-working ne marchaient pas. Certains grands noms, pionniers majeurs réputés indéboulonnables, mettaient la clé sous la porte. Et les plus grands fonds d'investissements ont failli y laisser leur peau en déversant les fonds qui leurs ont été confiés sur les modèles qui ne rencontraient pas encore leur public… Dans le domaine des résidences junior, qui sont notre spécialité, certaines résistances se faisaient jour, aussi bien du côté des états que des élus.

Pour bien mesurer cette complexité qui devait orienter notre travail présent et futur, nous avons décidé, chez Open Partners, de réaliser quelques grands travaux d'enquête dans les populations que nous visions.

Surtout : est-ce que finalement le co-living, compte tenu aussi de la pression énorme que représente le coût du logement dans un budget d'étudiant ou de jeune actif, était, comme jadis en URSS ou comme aujourd'hui à Londres ou New York (où tout le monde a son *roommate*), allait être une révolution inévitable ? Et si oui, une révolution souhaitable, désirable, plaisante ? A quelles conditions ? En offrant quelles garanties à ceux que leur bourse et peut-être leur projet destinaient à ce nouvel « art d'habiter » ?

Qu'est-ce que la révolution du Co révélait en fait ? Un besoin expérientiel ? Les moments partagés, les moments de socialisation, hier réputés accessoires, devenus désormais essentiels ? Même du côté des grandes écoles, on se sensibilisait à ces nouvelles questions…

C'est alors que survint le Covid.

Il est beaucoup trop tôt pour se faire une idée claire des effets de cette tragique pandémie non seulement sur l'économie, mais encore sur le monde et sur l'organisation de la société. Mais une chose est sûre : dans l'irrésistible ascension du co-loving et du co-working, l'obligation des distanciations sociales ou non, des précautions, et l'expérience stupéfiante du confinement de la moitié du globe ont soudain redistribué les cartes – avec, pour la première fois depuis la Renaissance, une Asie qui s'impose face à un Occident en crise fondamentale. Leurre, brève parenthèse, ou nouvelles règles du jeu ? Il est trop tôt pour le savoir, même si les enquêtes que nous avons diligentées, chez Open Partners, nous donnent déjà d'intéressantes indications.

Alors voilà : coutumiers désormais de cette exercice de la prise du recul, de la réflexion gratuite au sein de notre Open Lab (luxe que nous nous autorisons, entre deux réunions de chantier ou de mairie, pour garder autant que possible le contrôle sur notre propre métier), nous voudrions revenir ici, dans ce tout petit livre, sur ces deux événements majeurs, l'un dû à une puce de plus en plus petite, celle du digital, et l'autre quelque chose d'encore plus petit, un virus – mais, tous deux, comme dans les deux infinis de Blaise Pascal, ayant des conséquences presque infiniment grandes. Cela a déjà été si souvent le cas dans l'Histoire – conquêtes arabes, et tant d'autres grands événements ; pourquoi ferions-nous exception ?

Si, par ce travail, nous contribuons à donner à notre action, et à celle de nos partenaires ainsi que des politiques qui nous lisent, une plus grande clarté et une plus grande maîtrise de nos enjeux, alors nous aurons gagné notre pari, renouvelé chaque année.

C'est à vous, lecteur, qu'appartient la réponse à cette dernière question.

L'open Lab d'Open Partners

PREMIÈRE PARTIE
CO C'EST COOL OU CO C'EST CON ?

1.
Petite histoire de l'étroitesse

Il ne faut pas se payer de mots. Notre monde souffre d'un problème d'étroitesse. Nous avons beau jouer avec les mètres carrés, et les habiller de jolis surnoms qui nous aident à mieux les vendre (surtout qu'ils sont devenus une denrée de plus en plus désirable), nous éprouvons tous, qu'on se le formule ou non, un manque d'espace. Notre regard bute en permanence sur une limite, à moins qu'on ait franchi le Rubicon et qu'on se soit à son tour laissé tenter par la vie à la campagne, par le regard qui se perd sur un horizon de haies et de champs…

D'ailleurs, ce mouvement de départ vers la campagne, qui demeure autant un marronnier (le sujet est traité tous les ans par tous les magazines généralistes, du Point à l'Obs, de l'Express au Monde) qu'il risque de devenir un phénomène de société (largement, ces derniers temps, à cause du confinement et de la perte de sens de la vie en ville, dont on retire tous les inconvénients sans plus en retirer les avantages) nous conduit à poser de façon enfin claire, enfin débarrassée des considérations technocratiques ou sociologiques, les vraies questions qui posent cet « art suprême » selon Hegel, qu'est l'architecture, et qui engagent la façon même de concevoir la vie des hommes.

Car si l'on fuit à la campagne un enfermement chez soi, c'est que l'enfermement chez soi n'offre décidément pas les avantages qu'on espérait d'une vie en ville. Avec la conversion de l'humanité au tout « travail », on pouvait se dire que le premier avantage de l'habitation en ville était celui de la proximité du travail et donc de l'organisation ; le télétravail (cela, dans la mesure où il est censé s'imposer au moins en partie), change tout. Quant au reste, y a-t-il seulement un reste ? La réponse est évidente, car c'est cette réponse qui justifie l'étroitesse de l'habitat. On vit en ville, tout simplement, *pour vivre avec les autres*. Autrement dit, on tire un tel avantage de la présence des autres qu'on est prêt à vivre en ville à l'étroit, plutôt que d'habiter largement à la campagne, ou encore dans une petite ville à laquelle on préfèrera la capitale. Parce qu'on considère que la présence humaine est finalement le premier luxe, le premier désir qui nous motive. Parce qu'on retire des autres, pris individuellement d'une part et collectivement de l'autre, des avantages plus grands que cette fameuse étroitesse.

Si l'on parle donc aujourd'hui de co-living, au point qu'on se montrera prêt à vendre ou à louer des habitations partagées, c'est parce qu'il existe une demande. Or le coliving est, à première vue, une expérience d'étroitesse, puisque dans la vieille détermination animale du *territoire* qui définit l'espace individuel, le coliving consiste à renoncer à cet espace en faveur d'un partage. Si l'on est capable d'aller à ce point contre des millénaires de disposition naturelle, c'est qu'il nous faut prendre au sérieux cette demande. De deux choses l'une : ou bien cette demande est conditionnée exclusivement par des considérations économiques, auquel cas nous dirons qu'elle est conjoncturelle, et elle reflète une crise. Les solutions de co-living sont donc un pis-aller, une potion à avaler dont notre seule tâche est de la rendre la moins amère possible. Ou bien cette demande est un effet d'une transformation sociale, ou tout au moins d'une tendance qui ne se limite pas à l'économie, auquel cas il faut arriver à mieux déterminer le désir, l'intérêt du coliving, pour mieux y répondre.

Nous avons, à notre actif, des exemples dans l'histoire, très divers, d'une vie partagée ; autrement dit, il existe dans notre mémoire collective une petite histoire de l'étroitesse. Hannah Arendt disait que l'homme naissait vieux de toute la mémoire historique partagée par les hommes. Vieux de ces savoirs qui sont en tous si profondément ancrés que nous ne nous en rendons même pas compte. Si nous réveillons ces vieux savoirs éteints, qu'est-ce qu'ils nous disent de l'aventure humaine de l'étroitesse ?

D'abord, il y a les moines. Le monachisme ne date pas d'hier : en Occident, il date du 4e siècle, et relaye une vieille tradition érémitique qui existait en Egypte. Le monastère, c'est le premier *coliving* de l'histoire d'Occident. Un monastère, d'ailleurs, ne se limite nullement à la seule cellule des moines. Un monastère, c'est aussi un réfectoire, c'est aussi, selon les ordres, une salle de travail (dans certains ordres, comme les Chartreux, les moines travaillent dans leur cellule, qui est en fait, à la grande Chartreuse, une toute petite maison assortie d'un jardin privé), et encore une salle capitulaire, une église dédiée au rituel, et un cloître pour la promenade et la méditation. Tout cela définit ce qu'on appelle la *vie contemplative,* qui est si l'on peut dire le contraire absolu de la vie professionnelle contemporaine, faite d'affairement et de divertissement. Nos oreilles ont été rebattues, tout au long du premier confinement, de la fameuse phrase de Pascal : « Tout le malheur des hommes vient d'une seule chose, c'est de ne pas savoir demeurer en repos, dans une chambre » ; on pourrait dire qu'à première vue, cette phrase exprime l'idéal auquel veut correspondre la vie monastique. On sait bien, en effet, que Pascal considère que toute la vie d'un homme passe d'ordinaire dans une fuite dans l'affairement, l'activité, qu'il appelle *Divertissement.* Lucide, sûrement, mais jamais aussi peu actuel qu'aujourd'hui, puisqu'on considère aujourd'hui que la vie professionnelle est, pour l'immense majorité de l'humanité, la condition de développement et d'épanouissement la plus enviable. La vie contemplative, ou méditative (si l'on veut extraire la dimension religieuse voire mystique) est donc le contraire de la vie au sens communément admis aujourd'hui.

Il n'empêche : choisir d'habiter une cellule et de se retirer de l'immensité du monde, c'est pour les moines un choix de l'étroitesse qui se justifie par des raisons. Lesquelles ?

On pourrait dire, d'abord, la raison pénitentielle ; c'est la moins intéressante pour nous. On vit à l'étroit pour se mettre à l'épreuve, pour lutter contre un désir de confort, pour lutter contre une tendance de ses désirs à vouloir nous conduire toujours trop loin, à trop aimer le beau, à trop aimer l'espace. Comme si l'espace était, d'ailleurs, une réalité dont on peut jouir, voire s'enivrer, ou se droguer. En même temps, les cadres admirables de tant de monastères (la grande Chartreuse, par exemple, dans son sublime paysage de montagnes) sont une réponse dialectique à cette épreuve de l'étroitesse. D'ailleurs, du même coup, les lieux qu'on a construits – et c'est une donnée *exemplaire* pour nous aujourd'hui – sont extraordinairement durables, d'abord parce qu'ils sont beaux. Une cellule, certes, mais un paysage grandiose ! En fait, la cellule est pour le moine la part réservée au Moi, à la dimension individuelle de l'existence, qui est réduite à la portion congrue parce que, justement, le moine se doit à l'humilité (il en fait voeu) ; en revanche, dans l'existence partagée, il a accès à une très grande largesse, que ce soit dans le cadre du rituel, ou encore, selon les cas, du partage de la nourriture, du travail manuel ou intellectuel. En somme, les deux se correspondent, parce qu'une certaine éthique chrétienne, qui a marqué notre société de son empreinte, conçoit une construction de soi au service des autres.

En fait, la raison majeure de l'étroitesse du moine, c'est qu'il préfère à son épanouissement corporel et existentiel dans un environnement matériel spacieux, un épanouissement spirituel dans une règle, fédératrice et ordonnatrice d'une communauté. Laquelle communauté, donc, suscite de la part du moine un désir de s'y fondre, parce qu'il en tire un avantage plus grand que sa propre limitation à lui-même. Il lui sera loisible, dans cette perpective, de suivre l'enseignement évangélique de la Parabole des talents, dans lequel il va cultiver, pour le bénéfice des autres, les dons dont il aura été pourvu par le destin.

Une conséquence plaisante, d'ailleurs, de ces données initialement métaphysiques, c'est que la collectivité prend ici une telle importance, et s'enrichit si systématiquement – en rationalisant l'exploitation des terres – qu'elle invente une première forme de capitalisme, avant celle qu'avait pensée Max Weber en étudiant l'éthique du Protestantisme. Certains historiens ont thématisé cette extraordinaire activité à la fois économique, industrielle, architecturale des moines, qui asséchèrent les marais, qui construisirent et transmirent, inlassablement, durant des siècles. Capitalisme, mais aussi premiers rudiments d'industrialisation, avec de premières machineries.

Mais alors, la règle, comme l'indique d'ailleurs le nom qu'on donne aux moines (le clergé régulier) est tout ; ce qui veut dire que l'organisation initiale, pensée parfois depuis des millénaires (la règle de Saint Benoît date du 5e siècle, celle de Saint François du 12e, par exemple), offre aux moines une solution, voire une suppression des questions d'organisation matérielle, de ce qui pousse le règne animal à se déplacer (dans la mesure où l'on se déplace d'abord et avant tout, dans la nature, pour se nourrir), qui fait qu'ils préfèrent l'obéissance, la contrainte, la limite, et donc l'étroitesse – mais cette fois, morale, d'un cadre absolument rigide qui ne suppose aucune transgression – à la liberté, c'est-à-dire dans le cas précis à la responsabilité de soi-même dans le remplissage de ses journées, à la recherche, avions-nous dit, de nourriture.

Les avantages qu'on retire de la règle, en plus de la suppression pascalienne du divertissement, sont donc la réduction à néant des enjeux de la vie matérielle, et donc la possibilité de consacrer tout son temps et toute son énergie à la vie spirituelle ; quant à la question de la survie, elle est désormais celle du groupe tout entier, qui s'adonne à un travail (par exemple à la production de Chartreuse, veinards !) pour le vendre et en retirer de quoi pétrir un pain quotidien.

Il existe des versions laïques, ou en tous cas différentes de ce très vieux modèle de coliving. On peut citer, par exemple, le kibboutz israélien, qui n'a pas intéressé, d'ailleurs, que les seuls juifs sionistes depuis qu'ils ont été conçus. On sait que, diamétralement opposé aux énoncés monastiques, le kibboutz est parti de considérations socialistes : on se donne à une communauté laborieuse. Et ce, parce qu'à la différence de cette dichotomie monastique entre vie matérielle et vie spirituelle, on considère un homme exclusivement sur le plan de sa vie matérielle, et l'on se dit que c'est dans la production d'un travail qu'il s'épanouit. Cette affirmation, formulée d'abord par Hegel (c'est par la médiation du travail qu'une conscience vient à soi-même) puis matérialisée par Marx, revient à dire que l'évitement de la responsabilité individuelle devant le travail est une fuite, et qu'en l'occurrence c'est lui qui est le vrai divertissement. On ne saurait être moins pascalien. Dans le kibboutz, l'amour d'un lieu, d'une terre, mais aussi d'un climat (chaud) va avec l'esprit pionnier, dans lequel, à nouveau, on est en somme bien content de se débarrasser de son moi, car on va trouver dans l'oeuvre commune l'occasion d'une réalisation de soi plus intéressante. Cela, c'est la motivation de tout esprit révolutionnaire.

Alors bien sûr, notre mémoire collective nous rappelle à ce moment les appartements soviétiques partagés parfois par trois familles. Et nous nous disons que la révolution n'a pas organisé là que du bonheur. Ces vieux appartements moscovites ou léningradois dont les vastes couloirs sont encombrés d'enfants qui ne sont pas les

19

siens, d'odeurs de cuisine de la famille Petrov, de l'impossibilité d'intimité, de vivre sans être épié, de se promener nu si l'on veut, bref, la conjonction de l'étroitesse et de la surveillance n'ont pas de grands charmes. En même temps, il se trouvera des gens pour rappeler que dans cette Russie soviétique où la pauvre Anna Akhmatova, par exemple, l'immense poétesse, vivait avec ses amis et souffrait heure par heure des persécutions de Staline, elle trouvait aussi, justement, dans cet environnement amical (parfois percé par une appartenance au NKVD) des consolations, voire des sources d'inspiration. On sait que les Russes soviétiques étaient le peuple le plus cultivé de la terre – et pour cause, tout étant interdit sauf la culture, on pouvait être cultivé.

Mais une grande différence s'impose dans le Kibboutz : le lieu d'habitation est aussi le lieu de travail. Ce qui veut dire que dans l'immense majorité des cas, le lieu de travail est la campagne, et le travail est une production matérielle (même si rien n'empêche de penser un kibboutz start-up, sinon peut-être l'idéologie matérialiste initiale, car le virtuel, justement, n'est pas très matériel). Cette vie à la nature, au service du travail communautaire, suppose en creux une plénitude de la vie atteinte dans ce cadre. Les mains burinées, la peau bronzée, la vigueur d'une parole toujours pratique sont tous les signes extérieurs du caractère vivifiant du kibboutz.

Autre exemple clé : l'étroitesse qu'on pourrait dire *initiatique,* dans tous les sens du terme ; par exemple, celle des *College* anglais, dans lesquels les garçons des Gentry, comme par exemple ce jeune Winston qui, habitant à Blenheim, n'avait jamais fait le tour complet de toutes les pièces de son habitation) se retrouvent entassés dans des dortoirs, où le lit et la table n'ont guère à envier à ceux des moines. Le dortoir, c'est d'abord une existence *à la dure,* à l'inverse des *nannies* du premier âge, dans laquelle on vit le *struggle for life* si difficile, mais en même temps si exaltant, d'une adolescence où l'homme doit s'affirmer au-delà de l'enfant. Tout, dans le dortoir (la responsabilité des aînés appelés *préfets,* la gêne dépassée par le partage des douches, la promiscuité) s'apparente à une épreuve, mais cette épreuve, justement, doit être formatrice. En gros, il importe que le futur châtelain de Blenheim ait été marqué au fer rouge par le moment de pauvreté extrême, de promiscuité extrême, de rigueur extrême qui lui donnera le vrai prix de son luxe et de son confort à venir. Nous poussons ici certes le bouchon un peu loin – et nous assimilons cette épreuve du dortoir à ce jeûne que les gourmets obsessionnels peuvent s'infliger pour mieux jouir du moment où la première gorgée, ou bouchée, viennent libérer la bouche. Comme si l'on se faisait souffrir, et que l'on jouissait de se faire souffrir par un subtil épicurisme. Il y a bien sûr d'autres choses, dans le dortoir : la camaraderie, l'esprit d'aventure, la horde, non loin des visions à la Kipling du scoutisme – tout ce qui fait de ces moments de vie des imitations (ou des parodies) de la vie militaire. A nouveau, on prépare ici les longues soirées d'hiver des récits d'anciens combattants. La contrainte, contrairement à celle des moines, n'est donc pas définitive, elle est passagère comme la jeunesse. A la fois austère et somptueuse, dure et riante. Faut-il que nous en retenions quelque chose dans notre moderne aventure de coliving.

Enfin, dernier exemple, antinomique de tous les autres, nous avons la communauté hippie, ou soixante-huitarde, en France dans les plateaux, aux US à Woodstock ; communauté informelle, où l'on vient et l'on part, où l'on ne craint plus de l'autre puisque tout est permis, puisque tout se partage, puisque la musique, d'une part, et l'idéologie libertaire d'autre part, cimentent, lissent, unifient les foules qui s'agrègent là sans plus trop faire attention à la façon dont on s'agrège.

Bien entendu, le monde a changé depuis : les années sida ont stoppé la libération sexuelle, et le durcissement de la concurrence économique a tout de même plombé l'ambiance.

Si l'on voulait dire ce que cette dernière expérience signifie, ce serait qu'elle remettait en cause, justement, toutes les cases et les frontières établies, celles qui venaient du passé, de la moralité, des conceptions anciennes de la propriété, etc. C'est comme cela qu'on invente une communauté, comme un renversement du passé.

Il ne fait aucun doute que les versions californiennes geek, ou transhumaniste, de la communauté (qui a joué le rôle de paradigme pour l'invention de notre moderne zone de coworking, puis, petit à petit, de coliving) est une nouvelle expérience de renversement du passé. Moins sur le plan moral, que sur le plan de l'organisation du travail et, au bout du compte, de la vie. Le hasard fait bien les choses : ce sont les espaces inventés par quelques sociétés jadis de pointe, désormais géantes (Google, Facebook, en particulier) qui ont dessiné, justement, l'espace partagé d'aujourd'hui, qu'on pourrait dire californien.

Voilà ; à titre d'épilogue, je citerai ce passage de la République de Platon qui a fait horreur à juste titre à des générations de lecteurs : il s'agit, dans l'organisation pyramidale de la société, de la décision de collectiviser les femmes et les enfants, dans la caste des gardiens de la cité. Femme publique, enfants publics, et pourquoi ? Parce que les gardiens doivent entièrement être mobilisés pour leur tâche de défendre et préserver la cité, c'est pourquoi il ne faut pas, insiste le maître, qu'ils aient une vie propre qui rentre en concurrence avec leur vie collective. De là, il tire une conséquence assez parlante pour nous : les producteurs (les paysans, les artisans) qui n'ont pas accès à la hauteur, à la noblesse considérable de la vie des gardiens de la cité, ont, eux, droit à une vie privée : ils ont une propriété, et ils ont des enfants à eux. Et pour cause : on leur ment, oui, sciemment, sur le sens de leur vie. Au lieu de leur faire comprendre qu'ils appartiennent à une vocation spirituelle, qui a pour reflet cette cité dirigée par le Roi philosophe, on leur explique qu'ils sont les fils de la terre, qu'ils sont sortis de terre comme des plantes, et ils n'ont pas de part à l'enseignement philosophique. Autrement dit, la division en deux de la vie monastique (entre travail manuel et travail spirituel) est redistribuée dans l'humanité elle-même.

On ira sans doute trop vite en concluant que, de Platon, il se tire que nos sociétés occidentales ont pour corollaire la vie des producteurs, qui ont effectivement droit aux femmes, aux enfants et aux biens. Car cette réponse somme toute rassurante à notre question est contestée par trop de choses aujourd'hui – de même que l'espace de co-working de Google ou d'Amazon n'a de fun, de tables de ping-pong, de canapés profonds et de décors fusion que pour une donnée qui n'est plus celle de Woodstock, et qui fait des transhumanistes d'aujourd'hui de tous autres hippies que les chevelus d'hier : précisément, la mobilisation totale.

Ce terme du vocabulaire militaire, en effet, est celui que le philosophe contemporain Pierre Caye emploie dans deux ouvrages majeurs de réflexion sur l'organisation politique, économique, sociale et finalement philosophique de notre époque, qui sont « Critique de la destruction créatrice » et « Durer ». Dans ce dernier opus, il montre que rien n'échappe, désormais, à l'arraisonnement de tous et de chacun par la technique, par la production, et donc, à l'échelle individuelle, par la vie professionnelle, parce que la machine politico-sociale est organisée ainsi.

Cette mobilisation totale n'a plus du guerrier les uniformes ni les entraînements : il ne s'agit plus de se battre en corps à corps, ou encore à distance, mais sans aucun doute de se battre économiquement, d'imposer à marche forcée une prise en main de tous par les techniques contemporaines.

Cette mobilisation totale, contemporaine, pourrait bien être le grand secret du co-working.

Mais voilà. D'une part, est-ce évitable, d'autre part, est-ce durable ; enfin, si les deux réponses aux deux questions sont positives, qu'est-ce que nous pouvons faire pour qu'alors ces expériences nouvelles soient utiles ?

Tenir compte du passé, pour commencer à imaginer l'avenir. Cela, nous venons de le faire, et il importe d'en retenir les conséquences. Et réparer ce que cette destruction, créatrice ou non, de nos anciens repères, est en train d'opérer : voilà sans doute la tâche la plus urgente des hommes de bonne volonté.

2.
Welcome to the coworking California

Il y a des moments où la culture populaire a quelque chose de prophétique. Une rengaine, un film commercial, un livre de gare qui tout d'un coup nous disent le secret d'une époque. On pourrait presque dire que, dans ce cas présent, tout était déjà dans le titre : il s'agit de la plus célèbre chanson des Eagles : *Hotel California.*

Hotel California, c'est l'histoire d'une chanson dont le refrain est : « Bienvenue dans l'hôtel Californie ! Quel joli endroit, quel joli endroit ! »

Tout est là : les Mercedes Benz, le champagne rosé, les palmiers, le fun, la danse – et aussi, dès le début, une atmosphère un peu carcérale, dans cet hôtel qui ne ferme jamais, qui a toujours de la place, et où, tout d'un coup, on poignarde sur son lit le *master* avec des couteaux d'acier. Encore plus terrible est le vers de la chanson : *Tu ne pourras jamais partir.*

Quand on a interrogé les Eagles sur cette chanson mythique et sa signification mystérieuse, ils ont tout simplement répondu qu'il s'agissait d'une métaphore des excès de la Californie, qui avait semblé, à cette petite bande de jeunes du Midwest, à la fois fascinante, voluptueuse et aussi dangereuse ; « c'est la fin de l'innocence », avec conclu Don Henley, le meneur du groupe.

Cette Californie qui, après la Côte Ouest qui avait longtemps tenu le haut du panier, avait d'abord assuré sa puissance et sa suprématie future par le mythique Hollywood, dont il faut bien dire qu'il s'agit de l'épicentre de la culture-monde depuis les années 30 – mais qui élargit sa zone d'influence, désormais absolue, avec la tech. Du même coup, la palme de la toute-puissance se partage entre Los Angeles, et ce fameux Beverley Hills où les Eagles placent leur hôtel, et San Francisco où s'est dessiné, plus encore que dans la Silicon Valley, le nouveau modèle de la start-up, de l'invention numérique tous azimuts, où tout le monde, du garçon de café au milliardaire qu'il voit tous les jours au petit déjeuner, a un nouveau projet à vendre, pour une montée en puissance qui le fait passer en six mois de nombres à cinq chiffres à nombres à sept puis huit chiffres…

Californie décidément centrale, ouverte sur la zone Pacifique où, de l'autre côté, se trame la montée en puissance des géants asiatiques – hier, le Japon, aujourd'hui, la Chine – et cela, encore une fois, avec une forte dose, toujours plus concentrée, de *tech*.

Ce croisement de l'innovation technologique et du divertissement le plus puissant, aux moyens proprement titanesques l'un comme l'autre, avait de quoi inventer un nouveau mythe valable pour le monde tout entier, tant il est vrai que le moment où il s'est opéré a correspondu au climax de la mondialisation.

Mondialisation qui s'exprimait alors (on a peine à le rappeler, et même à s'en souvenir) comme une véritable fièvre qui mêlait argent, fête, style cool, entertainment, super héros, humour distancié, le tout dans une *mobilisation totale* de ces *iWorkers* (qu'on aurait préféré maudire plutôt que de les appeler les travailleurs) qui leur faisaient passer littéralement leur vie dans leur second *home* en forme de pomme (pas nécessairement *big*), d'Amazon (plutôt en scooter qu'à cheval), de Microsoft (mais macro-dur).

Ces surnoms redoutables des tycoons de l'énorme spectacle que tendit à devenir, dans leurs studios à écrans où défilaient des lignes de code (Matrix, évidemment, avait fait la liaison entre LA et SF – à entendre dans tous les sens), le monde digital, inventa un vrai mode de vie, qu'on oublia parfois d'identifier à sa source californienne qui dictait les nouvelles coutumes sans trop jouer à la couleur locale : et pour cause, il n'était plus question que *d'international,* que de *fusion,* que de *dépassement des limites.* « Vers l'infini, et au-delà », criait Buzz l'éclair dans Toy Story. Ce pouvait être la devise de tout le monde californien, cinoche et compuweb comme un seul homme – devise donnée aussi, tantôt en pâture, tantôt en gloire, à tout à chacun.

La grande transformation que cette Californie a apportée au modèle et à l'organisation du travail, même sous sa forme la plus hystérique, la plus mobilisée, la plus hyperactive (en résumé, la forme new-yorkaise), c'est justement ce mélange, qui n'est jamais parvenu à ce niveau dans la (Big, cette fois) Apple de la côte Ouest, d'activisme et de cool. Cool, parce qu'autant que l'image, le codage, la virtuosité technologique est réputée cool – elle a mis en avant la fameuse image du *geek,* généralement maigre, jean-t-shirt, poches sous les yeux, trois heures de sommeil depuis les dernières soixante-douze heures, fantastiquement rapide dans son maniement du clavier – partie émergée de l'iceberg des ramifications stupéfiantes de son cerveau plus matriciel que Matrix, plus intelligent qu'Intel.

Un monde de geeks, c'est un monde qui a fini par dépasser les questions presque paléontologiques, c'est à dire marxistes, d'aliénation, de dévoration du travailleur par son travail. Un geek *est* son travail, vit pour lui, et ne regarde le reste de son existence (amour, culture, politique) que comme une étrange obligation de normalité humaine qu'il assume plus ou moins bien, offrant son amour à la princesse Leia, à Lady Arwen ou, pour les plus régressifs, à la princesse Zelda.

Et comme au temps du Stakhanov des années Staline (ce travailleur, cet ouvrier-modèle dont le portrait et les hauts faits hantaient toute l'URSS en pleine planification et sidérurgie triomphante), le geek nouveau devenait le *criterium* ultime de la vie professionnelle, des enjeux de la vie de demain ; on faisait, dans un rythme effréné, le biopic des jeunes Mark Zuckerberg qui n'avaient pas encore nourri Cambridge Analytica, du beau Steve Jobs qui n'avait pas encore (du moins officiellement) programmé l'obsolescence de son matériel et exploité des esclaves chinois ; et ces jeunes patrons, tellement pâles, tellement fêtards, tellement transhumanistes et tellement plus drôles à regarder que le patron à l'ancienne en cravate et air carnassier les avait tous déboulonnés. Plus de Rupert Murdoch et de… Donald Trump : la réussite, l'industrie, la vie de demain était un jour… et une nuit chez Google. Et encore le jour suivant – et encore la nuit suivante.

Vous comprenez, il n'est pas nécessaire de rentrer chez soi : il y a tout ici. Des endroits pour dormir et des endroits pour rêver. Des tables de ping pong et des espaces déstructurés. Des décorations fun et juvéniles. Des gadgets de tous les côtés.

Allez, on vous emmène dans la… Californie planétaire – c'est-à-dire dans les bureaux de Google à Zurich. Une aire de jeux pour grandes personnes, c'est-y pas beau ? Un toboggan où les jeunes cadres, les *geeks et* les *nerds* (qu'on cajole dans des alvéoles décorées de coussins I love Nerds) peuvent s'amuser comme des petits fous, avant d'aller se ressourcer et méditer dans une salle obscure, avec des aquariums, pour expérimenter une fusion élémentale, avant d'aller se réveiller dans des cabines de télésièges (couleur locale oblige, avec en plus la croix suisse) congelées à bonne température pour assurer une vraie implantation, et puis quoi encore ? Vous voulez du club anglais ? Comment donc, c'est fait. Des coussins géants où vous affaler ? On vous avait prévu. Des igloos design pour être seul ? Oui, car on aime être seul. Des hamacs déstructurés ? Mais enfin, ils vous attendent.

Ce n'est qu'un exemple parmi cent autres, car désormais, la plus grande entreprise du monde (dont le travail initial consiste à aller repérer des lignes de code et à les mettre en relation avec d'autres lignes de code ; pas tout à fait la même chose que de construire des ponts, des tanks, des centrales nucléaires et des avions gros porteurs) a de pareils lieux en d'innombrables points de la planète. Et ce qui est vrai de Google et de ses monstrueux moyens est vrai de tant d'autres. D'autant que, justement, le fun coûte moins cher, en définitive, que l'extrêmement chic (à commencer par la rareté et l'atmosphère feutrée exigées par le chic).

Que dire du siège de Facebook en Californie, dessiné par Frank Gerhy, sans doute l'architecte le plus célèbre du monde, comme une gigantesque rue-open-space, avec les fameux décrochages, les ruptures visuelles, les géométries libres, presque aléatoires, qui ont fait la légende du concepteur de la Guggenheim ? Que dire de cette ville devant l'eau, avec ses jardins, ses transats, ses distributeurs, cet espèce de jardin d'Eden du geek ? Tout simplement ceci : non seulement ces images idylliques, ces moyens monstrueux mettent en lumière la toute-puissance de la méga-entreprise qui, rappelons-le, était née pour noter la bouille des filles de Harvard, et qui en l'espace de vingt ans se paye le luxe de faire de sa cour ce que nul Pharaon, nul Roi Soleil n'aurait inventé pour domestiquer les siens ?

Mais il y a autre chose qu'il faut dire. C'est que cette esthétique californienne, dans les Mecque où les cinq merveilles du monde, rassemblées en acrostiche où figurent (dans le désordre, à vous de les remettre dans l'ordre) les lettre F, G, A, M et A, ont peut-être désigné l'espace de l'entreprise idéale de demain.

Le problème, c'est que personne, désormais, ne supporte plus vraiment les GAFAM (sauf ceux qui y travaillent, bien sûr ; et en même temps, il nous serait loisible de poser la question de George Clooney dans la publicité pour Nespresso : « *what else ?* » – car l'attente des services provenus de ces immenses sociétés est tout aussi tyrannique… chez nous tous !) ; et qu'en même temps, le modèle de travail, d'épanouissement personnel, de convivialité, de tolérance (et, faut-il le rappeler, d'hyper-exploitation du cerveau disponible – mieux encore que M. Le Lay qui se contentait du temps, et pas de la matière grise elle-même, en attendant qu'elle soit à son tour augmentée par la prochaine révolution annoncée par le transhumanisme ?) *et d'organisation du travail* qu'ils développent sont tout près de s'imposer comme la norme, comme le bureau standard – l'open space, la déco entre cool, baroque, fun et kitsch, bref, la déco-entertainment, le jean start-up et la facilité de contact sur le mode geek croit qu'il est la version ultime, bientôt universelle, voire obligatoire, du travail de demain.

C'est là que nous sommes concernés, chez Open Partners, au premier chef ; c'est là que tous les professionnels de l'immobilier, en France (où Google et Facebook ont aussi leurs bureaux délirants) ont vu arriver avec un vrai esprit de conquête la fameuse zone de co-working où tout le monde fait des choses différentes, et où plus ce qu'ils font est différent, et même différent chaque jour de la veille, plus on approuve la nouvelle organisation ; car justement, le jour et la nuit ont tendance à s'estomper derrière la passion du travail et du partage de données et d'intelligence. Meilleur des mondes ? Dans la version de Leibniz, d'Huxley, ou encore de qui d'autre ?

Car derrière cette centralité « joyeuse » du travail (assumée), une vraie structure de la mentalité américaine (et qui était anglaise avant d'être américaine), à savoir l'idéologie protestante du bien commun et celle de l'argent, est fortement mise en avant.

A ce propos, un problème se pose : mais est-ce que, justement, l'Amérique de toujours, l'Amérique à la fois libertaire et puritaine, laïque et religieuse, n'avait pas d'abord et avant tout valorisé « the family », avec sa grande maison avec jardin devant et derrière et le garage, depuis les pionniers de l'Ouest jusqu'aux héritiers de l'hyper-Ouest ?

Eh bien justement. Il faut dire les choses crûment : c'est une autre Amérique, une autre vision du monde se surajoute sur le vieux modèle- avec le coworking qui bascule dans le coliving. C'est aussi la disparition très San Francisco Way, du modèle familial (avec les working girls aux dents longues qui remplacent les mères perpétuelles, consacrées à leur distribution des céréales matinales et des « do you tanna talk about it » avec leurs filles adolescentes en crise. A cette conception de la femme, désormais fortement politisée avec l'affaire metoo, s'ajoute l'idéologie ! transhumaniste qui consacre finalement la gémellité avec Hollywood – celui des blockbusters : tout repose sur la génialité des inventions digitales et partage des existences autour d'elles, car on construit l'avenir, c'est-à-dire le rêve d'un immense film de science-fiction dont nous sommes tous les scénaristes grâce à notre immersion collective.

Voilà pourquoi la fin de la chanson des Eagles nous fait froid dans le dos : « Tu ne pourras jamais partir. »

Quand les Gafam basculent dans la préservation de leur pouvoir dominant, et que les états ne jouent plus leur rôle de garantie de la libre concurrence, alors on arrive effectivement à un enfermement des gens dans des lieux, en faisant semblant de cultiver, justement, le génie du lieu, qui, de mythe fondamental de la culture, est devenu un gadget cosmétique.

Ce modèle californien, est clairement une utopie, économique et humaine, qui est à la source de la conception contemporaine du coworking et du colo-ving. Nous avons à la fois rêvé sur les côtés fascinants, sur la force de l'idéologie qui est là à l'oeuvre. Mais précisément, le danger de l'emprise, de l'enfermement dans ce vaste jeu video que devient la vie profession-nelle désormais toute puissante, ayant avalé dans son sein la vie intime, devient criant – alors que l'hôtel California traverse l'Atlantique !

Alors que garder ?

A quoi résister ?

Que protéger ?

A quoi consacrer, dans nos résidences junior où tous, peut-être, ont des rêves (aussi, mais pas *seulement* des rêves de *geeks* et de *nerds*) nos espaces de co-working ?

Comment garder de la révolution californienne la vitalité, sans terminer comme les Eagles ?

Qu'on le veuille ou non, cette question sera celle de la décennie qui vient, pour ceux qui ont la responsa-bilité exorbitante de dessiner, dans leurs espaces, la vie quotidienne de la classe d'âge de demain.

3.
Le Co en France :
« Splendeur et misère des courtisanes »,
ou « Illusions perdues ? »

Pour commencer, une remarque de langue. Nous savons bien que notre pauvre langue française n'a jamais cessé de ramer pour tenir le rythme économique des pays anglo-saxons, longtemps *leaders* en matière de développement, d'efficacité économique. En fait, les Anglais d'abord, puis les Américains ensuite ayant inventé le commerce au sens large avec toutes ses règles et ses pratiques, il fut naturel de parler leur langue, raison pour laquelle elle triompha vers la fin du XIXe siècle – au moment où le sort du capitalisme était scellé.

Mais du même coup, on ne peut éviter que la surre-présentation de l'anglais dans la langue professionnelle ne génère une sensation pénible d'artificialité, de placage d'un mode de vie sur un autre, le nôtre, qui doit absolument s'assumer pleinement pour tenir le rythme, et surtout pour inventer des solutions propres.

C'est la raison pour laquelle nous proposons, dans notre partie qui est l'habitat, et en particulier l'habitat de demain, avec tout le caractère expérimental qu'il revêt, de commencer par parler une langue naturelle, en l'occurrence la langue française. Ça a l'air de rien, mais ça change tout. Nous sommes là libérés de la détestable impression de courir derrière un autre, et nous sommes en possession de l'objet de notre réflexion et de notre étude.

Ce sera donc le cotravail, ou, pour ceux qui veulent accentuer le caractère besogneux de la chose, le *cobou-lot (nous n'osons proposer le coturbin !)*

Quant au coliving, assumons-le, ce sera le covivre. Covivre, voilà qui, en temps de Covid, prend une patine singulièrement troublante. Mais justement, il faut l'assumer : c'est effectivement un moment très troublant de notre civilisation que nous traversons, et dans nos métiers, la plus grande faute serait de l'ignorer. Trouble qui n'est pas seulement dû aux urgences médicales. Trouble qui ressortit aussi à ce que nous sommes en train de dessiner pour nos vies et celles de nos enfants, en faisant reculer ainsi les limites anciennes, voire préhistoriques, de la socialisation – sans compter les questions désormais obsessionnelles de la *distanciation sociale,* qui rentrent en contradiction presque frontale avec ce qui avait juste un instant avant le vent en poupe, à savoir, justement, le *rapprochement social tous azimuts.*

Il faudra là compter entre le court terme (nous l'espérons tel, avec ce virus), et le long terme.

Raison pour laquelle nous mettrons de côté, pour le moment, la question du Covid.

Il nous faut faire la part entre les raisons idéologiques et les raisons pratiques de la généralisation du Co. Nous avons montré, avec notre « coworking

California », qu'il y avait bien évidemment une idéologie en marche dans une certaine conception du cotravail, qui emprunte à la culture californienne, mi-start-up, mi-hollywoodienne, mais aussi libertarienne (avec toute l'ambiguïté de ce mot, qui oscille entre la plus grande liberté au-delà des limites qu'on donnait jadis à ce mot, et un matraquage qui n'est pas -encore- tout à fait à l'image de notre réalité française).

Mais derrière l'idéologie s'abritent le plus souvent les problèmes matériels. Est-ce notre future transformation en autre start-up nation, avec toute la culture afférente, ou sont-ce les problèmes de place, d'espace, de coût, bref, est-ce du réalisme qui obligent à penser le co, aussi bien le cotravail que le covivre ?

Ces questions sont, en vérité, vitales. Les crises successives que la France vient de traverser, sur le plan social (qu'on pense par exemple aux gilets jaunes), sont évidemment liées à la mutation accélérée du monde, des pratiques, des paradigmes sociaux. C'est pourquoi il faut sérieusement faire un vrai audit des avantages et des inconvénients de ces nouvelles formules pour l'habitat. Martelons-le : il y a trois besoins fondamentaux de l'homme, se nourrir, se vêtir et habiter, et à ces trois besoins l'homme a répondu, depuis l'âge des cavernes, par une *appropriation personnelle,* bref, par la propriété privée de ses aliments, de ses vêtements et de son logement[2] – la location n'étant qu'une propriété

---

2. A ce titre, la remarquable exposition du pavillon de l'Arsenal, *Histoire naturelle de l'architecture,* nous a montré comment l'habitat s'est fondé sur la nécessité de maintenir l'homéothermie corporelle ; pour notre métier, cette réexploration des fondamentaux, et ces leçons de choses reprises depuis les plus lointains commencements, sont tout à fait fascinantes.

privée *bis,* déplacée sur celui qui ne peut se l'offrir en inventant l'artifice d'un loyer.

Nous devons ici faire preuve de cet esprit d'examen, de critique rationnelle si absolument gaulois, par opposition au « meilleur des mondes » qui se dessine outre-Atlantique, celui de l'enrichissement protestant. A quoi sert vraiment le coturbin s'il n'est pas seulement « trop cool » et « trop baby foot », et à quoi sert vraiment le covivre si ce n'est pas seulement un euphémisme pour « nouvelle prison soviétique » ?

4.
Avant le Déluge, les projets : Co-loscopie !

A l'état J-1 d'une économie encore florissante et mondialisée, qu'en était-il vraiment ? Qu'est-ce qui se dessinait, et que le Covid a brutalement interrompu ? Et surtout, quelles perspectives s'imposaient à travers ces questions pour notre métier du bâtir ?

Tout d'abord, la première représentation qui animait les acteurs du métier était ce qu'on pouvait appeler le triomphe de la « ville monde ». Avec ce concept, il ne s'agissait pas seulement de ce qu'on avait appelé autrefois *l'exode rural* ; il ne s'agissait pas de dire que les villes l'emportent sur la campagne et que la culture urbaine était désormais plus puissante que la culture rurale. En fait, on était allé beaucoup plus loin : la seule culture qu'on pouvait tenir pour décisive, et qui entraînait avec elle l'idée d'un monde, était la ville contemporaine. La fameuse *smart city* qui avançait triomphalement sur sa voie royale faite d'hyper-connexion et d'ultra-réseaux.

Il n'était plus question de choix, il était question de changement anthropologique majeur. En somme, la vieille formule d'Aristote, « l'homme est un animal politique », quand on se souvient que la *polis* grecque signifie la cité, était devenue non un paradoxe, mais une constatation imparable. La cité, la ville, la ville-monde remplaçaient le monde et la nature, et la séparation entre centres-villes et banlieues, héritière elle-même de la vieille distinction d'origine entre villes et campagne, était en passe de devenir caduque. Car la ville monde est tentaculaire, et la vieille délimitation entre les centres et les périphéries était en passe d'être rattrapée par les fibres optiques et la redistribution des *réseaux.* Et cela, d'autant plus que les espaces dits de *retail,* de commerce, sont violemment concurrencés par le commerce digital. Du même coup, ce qui faisait l'évidence du centre-ville, à savoir la présence animée, animatrice, joyeuse des commerces était fortement contestée. Et cela s'étendait même au domaine de la culture ! En effet, dans ces centres, sinon la beauté et la tradition historique, une part de la suprématie avait été bousculée : les bâtiments, les documents, les oeuvres, bref, tout ce qui est matériel dans une ville, étaient rendus moins *centraux,* moins *vitaux* par la dématérialisation des données humaines. Après tout, si l'on peut faire un tour virtuel, et bientôt en 3D, en immersion, au Louvre, y a-t-il vraiment un avantage majeur à faire la queue dans le hall du musée ? Et, à plus forte raison, à habiter non loin de lui ? Il en allait de même pour le travail : ce n'était plus tant la concentration des actifs dans les zones de haute activité qui garantissait l'efficacité du travail, que la fluidité la plus parfaite possible des déplacements et des informations dans la zone urbaine au sens large, tantôt en « présentiel », tantôt en « distanciel ». Cette *fluidité* était le maître-mot : la ville monde serait essentiellement liquide, pas seulement dans son esthétique du verre et de la transparence qui évoquent irrésistiblement l'eau, mais aussi dans toute la gestion des déplacements, des habitudes d'activité qu'elle impulsait dans les corps.

Les hommes n'avaient-ils pas besoin de repères ?

La pierre n'avait-elle pas été, pendant des millénaires, à la fois le refuge, mais aussi l'institution par excellence qui garantit aux hommes de savoir ce qu'ils font, et de se repérer d'elle comme d'une digue, d'une bouée, d'une forme d'intangible ?

La ville liquide, la ville monde bousculaient ce paradigme. Peu importait comment nous allions dessiner la forme nouvelle de la ville, pourvu que nous soyons tous *dedans*. Que l'énorme flux embarque tout le monde, et donne à chacun ce qu'il désirait, car désormais, c'était calculable, et donc organisable, via une gestion optimisée des *data*.

Dans ce cadre, les questions de l'habitat junior prenaient une acuité nouvelle. En effet, tant que les centres-villes existaient encore (ce qu'on pouvait au moins espérer), la présence de jeunes étudiants et actifs en coeur de ville était largement souhaitable, parce qu'ils dynamisaient considérablement les espaces. Quand bien même la demande de sécurité et la méfiance séculaire à l'égard des populations jeunes ne déterminaient certains édiles à préférer des solutions de logements *périphériques* pour les étudiants. Et ce, quand justement la transformation inéluctable de la résidence étudiante classique en habitat junior, tant il est certain que progressivement les frontières entre les études et le monde du travail tendent à devenir plus poreuses, d'une part, tandis que d'autre part les jeunes actifs ont beau être une population bien plus rassurante, le marché saturé de l'immobilier ne les destinait pas moins à des solutions de logement qui ressemblaient à celles des étudiants.

Ainsi, le covivre et le cotravail étaient partis pour devenir une tendance dominante, et accompagner la mutation du marché du travail à la faveur de la place toujours plus grande prise par les réseaux, par la dissolution progressive des anciennes habitudes et procédures, mais aussi des anciennes hiérarchies. Dans le fond, le modèle d'entreprise développé par les géants de la Silicon Valley était en passe de se généraliser.

Restait le problème absolument brûlant de la surveillance, d'une part, et de l'enfermement dans la bulle d'autre part. Bulle non plus seulement de l'internet, mais bulle de la vie quotidienne où métier, loisirs, intimité se mélangent ; bulle du technicisme, où pour le coup la différence de *traitement des sujets* dans les géants du Web (entre les Apple plutôt gentils et les Amazon-Facebook plutôt méchants) aurait presque eu tendance à nous faire supposer l'existence des *bons gros géants* à côté des monstres dévorants, comme dans le roman de Roald Dahl.

C'est alors que vint le Covid.

Confinement, silence dans les rues, stupeur. Disparition brutale des cafés et des boutiques, des restaurants et de l'art de vivre en ville. Au lieu de quoi : télétravail, face-à-face perpétuel avec l'écran, dépressions en masse des habitants enfermés dans leurs espaces, mais aussi dans le face à face interminable avec leurs alter-egos, leur partenaires, leurs familles (dont on ne dira jamais à quel point l'équilibre et l'harmonie repose aussi sur les temps de *séparation*) désertion des travées des universités, disparition des stages en entreprise, et règne sur les rues des villes-mondes des scooters Deliveroo.

Ce cauchemar a eu lieu.

A l'heure où nous écrivons ces lignes, il continue.

Quelle conséquence le Covid révèle-t-il, à la façon d'un négatif dans la photographie argentique, pour notre métier du bâtir ? Car il est moins cause que symptôme, nous le savons chaque jour davantage.

DEUXIÈME PARTIE : SERONS-NOUS COVIDÉS ?

Avertissement

Puisque « ça va mieux en le disant », à présent que nous en sommes au bilan d'étape, il nous faut, membres de l'Open Lab, faire à notre lecteur une piqûre de rappel.

Nous n'avons pas de vocation à contrarier les mouvements et les évolutions ; nous avons vocation, en revanche, à les penser le plus librement possible.

Cette liberté, contrairement à ce que notre époque pratique trop souvent, ne passe pas seulement par la dénonciation et le mot d'ordre. Elle passe par le recul critique à l'égard de son propre geste.

C'est la raison pour laquelle, dans ce petit livre qui joue pour nous le rôle de stimulant de notre réflexion, nous nous attaquons aussi à ce que nous concevons. Parce que nous pensons que ce n'est pas autrement que par la critique que, dans nos propres aventures de construction, nous éviterons les pièges et les écueils qui attendent tout changement profond.

Aussi, quand nous nous en prenons, dans ces lignes, au coworking, au coliving, nous pensons que c'est un geste de salubrité nécessaire et que tous nos confrères devraient en faire de même, pour savoir clairement délimiter entre ce qu'il y a là de fondamentalement bon, utile, épanouissant, et ce qu'il y a, aussi, de mauvais voire de dangereux dans la « nouvelle société ».

Cela, c'est notre façon à nous de concevoir un habitat durable.

C'est notre façon d'être humaniste.

Parce qu'il n'y a pas trente-six façons de penser – parce que la critique, dès l'instant qu'elle cherche non pas à briller ou à détruire, mais à construire, est un moment obligé de la pensée.

1.
La nouvelle crise du logement

Il y a deux crises du logement en une ; il y en a une qui est présente et une qui est prochaine. Sans aucun doute, le co-tout et le co-vid ont tendance à l'accentuer, parce que d'une part tout est mis en circuit fermé par l'enveloppement de tout dans un « co », et d'autre part parce que le monde social a terriblement régressé ; or la croissance, la vitalité d'une société reposent sur la liberté et l'illimitation des échanges.

Cette crise dure, en fait, depuis soixante-dix ans – depuis que l'abbé Pierre avait commencé d'en faire son cheval de bataille, et évolue : on est passé de la figure du « mal logé » à celle du logement impossible, tant les taux, les coûts sont rédhibitoires.

Certes, on a construit énormément de logements sociaux. La loi SRU (solidarité) du 13 décembre 2000 a exigé qu'on dédie 25% de toutes les constructions au parc social ; les mairies ont tantôt fait moins (0% dans certaines municipalités !), tantôt beaucoup plus (Saint Denis 75%) ; par électoralisme, dans les deux cas ? Mais en amont, n'y avait-il pas un caractère pernicieux dans le mode de calcul ?

Bien souvent, la logique politique initiale part de bons sentiments et cherche à corriger les effets plutôt que les causes, laissant par-là même les causes proliférer.

On analyse et répertorie des populations fragiles, et dans le même mouvement un logement social est produit, mais comme conséquence du constat initial. L'effet pervers réside en ceci : le logement réalisé est *adapté* à la pauvreté, ce qui veut dire qu'il la confirme, qu'il la perpétue.

C'est un cercle vicieux : plus on accroît le nombre de logements sociaux, plus on creuse la dette publique ou les impôts, et les prix immobiliers continuent d'augmenter ; du côté des populations concernées, le sentiment de pauvreté, d'inutilité, de fosse sociale infranchissable vis-à-vis des logements « normaux » s'accentue. L'argent public est plus souvent investi pour des *transferts sociaux* plutôt que pour favoriser des programmes nouveaux.

Dans notre métier, cette tendance lourde de l'immobilier a des conséquences majeures.

En effet, cette logique, dans le cadre de l'habitat junior, est très dommageable à la vitalité des résidences junior. Car les bons élèves préféreront, dans la mesure du possible, rester chez leurs parents plutôt que d'affronter une résidence obsolète et une cellule logement exigüe. Du même coup, les juniors, étudiants et jeunes actifs qui auraient le plus tendance à dynamiser et asseoir la vie quotidienne de ces lieux sont manquants à l'appel ; les seuls qui y répondent sont ceux qui y sont forcés, et n'ont ni plaisir, ni valeur ajoutée à leur habitat qui plutôt, les renvoie à leur situation personnelle comme dans une boucle.

En conclusion, les habitants ne sont pas contents, donc le maire n'est pas content etc. ; c'est cette quadrature du cercle, reflétée par de nombreux plans logement incertains des municipalités, qui ralentit la construction de résidences junior. Tout au plus en viendra-t-on à parer au plus pressé en créant des « résidences couchages » qui n'auront pas une vraie cohérence interne et avec le quartier.

Du même coup, la collectivité perd beaucoup d'attractivité et d'argent, parce que la population la plus dynamique n'a pas irrigué le coeur de la ville, et les étudiants qui auraient dû habiter joyeusement dans ces résidences restent chez papa et maman. On est là passé de l'étudiant fauteur de trouble, dans la représentation archaïque héritée des charivaris médiévaux, à l'étudiant en pantoufles ; personne n'y gagne, pas même les maires bien-pensants qui font des loyers hyper-sociaux que les jeunes boudent à bon droit.

Continuons notre énumération des causes de la crise majeure et durable du logement, que nous regardons d'abord dans l'immobilier généraliste pour la focaliser ensuite sur notre métier.

Il y a la question des surfaces construites. Bon nombre de promoteurs suivant des plans imposés ou peu repensés bâtissent de grands logements. Dans ces conditions, on bâtit très peu de petites surfaces. Voilà une raison immédiate de la crise du logement, qui frappe les jeunes. Cause de crise du logement.

Autre cause : la crise du foncier. N'oublions pas que la tâche fondamentale, depuis la nuit des temps, d'une équipe municipale, dans la gestion de son territoire et de sa ville, consiste à acheter, aménager et à vendre des lieux pour dessiner la ville. Un bon et grand maire est un élu qui sait d'une part encourager les belles constructions, mais aussi ménager les espaces verts, et aider par les mutations de sa ville à améliorer la vie de ceux qui l'habitent. Tâche qu'aucune politique nationale ne peut remplacer. Or, pour toutes sortes de raisons, une tendance générale est à la pénurie de terrains. Tout porte à croire que c'est une tendance structurelle – liée à une augmentation du foncier proportionnée à celle de l'urbanisation ?...

Troisième cause : le fait qu'on n'a finalement pas bâti les bons logements aux bons endroits. Il va sans dire qu'à la différence de la grande crise de 1991 (dans laquelle des logements trop nombreux étaient restés invendus : on ne peut pas faire de soldes pour se débarrasser des stocks !), la nouvelle crise vient depuis les bureaux. Et cela n'a rien de conjoncturel : notre conception du bureau, manifestement, est obsolète – et son coût de fabrication est souvent déconnecté de sa valeur d'utilité.

Quatrième cause : l'abondance de liquidités (avec l'accélération actuelle de la création monétaire), la « fiat money » dont parlent les anglo-saxons, avec une valeur « par décret », par convention. Certes, les fonds d'investissement apportent de la liquidité au marché de l'immobilier ; mais les grandes institutions qui lèvent les milliards en assurance-vie notamment (on sait le poids que ces assurances revêtent aux yeux de tous), achètent aussi de l'immobilier d'habitation dans les villes les plus prisées, accroissant la demande par rapport à une offre déjà insuffisante. Du même coup, le niveau de prix des logements rendus reste toujours très élevé. Certains remettent au goût du jour les anciens usages de délier le foncier du bâti pour baisser le coût d'accession à la propriété., Mais l'exemple anglais où le fait est fréquent a tendance à montrer que l'astuce est insuffisante pour compenser les effets d'une demande bien supérieure à l'offre aux bons endroits.

De plus, jusqu'à nos jours actuels, les taux d'intérêts sont actuellement très bas (et l'on constate une grande inflation de la masse monétaire depuis la fin de l'étalon or) ; or plus les taux baissent plus l'immobilier a tendance a monter.

Or, pour schématiser, quand les taux sont très bas, on a plus intérêt à acheter des actifs qui existent déjà que de créer des actifs nouveaux, plus adaptés à la demande, plus innovants, c'est-à-dire que de cultiver une approche entrepreneuriale qui crée de la valeur. Un appartement, cela reste un appartement quel qu'en soit le prix. Dit autrement, la valeur d'utilité ne change pas, seul le prix augmente matérialisant une baisse de la valeur de la monnaie, donc une perte de pouvoir d'achat. C'est encore le monde du rentier, le monde immobile qui s'oppose à l'innovation. L'enrichissement plus important vient certes à ceux qui risquent leur peau, mais ils risquent leur peau.

Toutes ces causes, on le voit bien, remettent en cause la propriété. Haussmann avait construit un Paris qui n'appartenait qu'à des sociétés, lesquelles *louaient* les appartements. C'est ce qu'on appelait alors les *immeubles de rapport*. Mais de l'eau a coulé sous les ponts, et depuis toujours comme un invariant des politiques qu'elles soient de droite ou de gauche, on a mis dans la tête de la plupart des gens qu'ils devaient être propriétaires … mais certains sous le poids de leurs dettes n'en dorment plus la nuit ! Alors être propriétaire, un actif ou un passif ? « ça dépend » dit le banquier. Mais de quoi donc ?

Quand s'ajoute à cela que la crise économique implique qu'une part importante de la population n'a plus les moyens de payer son loyer ou son crédit, et que les entreprises qui font faillite ne peuvent pas payer les loyers ; et que, parallèlement à cette paupérisation, quatre millions de mètres carrés de bureaux sont déjà disponibles dans Paris, et que ce chiffre semble destiné à augmenter, gonflé par un parc de bureaux mal conçus (de nouveaux immeubles, adaptés, connectés et clairs, pris d'assaut, tandis que beaucoup de bureaux sont vides dans l'ancien sans pour autant pouvoir être reconvertis en logements. L'exemple des bureaux de la Défense, quartier central des affaires, qui rebutent tout à chacun qui y a travaillé est fortement marquant.)

Enfin, il faut rappeler que le blocage des loyers qui fausse les prix sans s'attaquer aux causes, amène toujours une pénurie de logements, où quand les bons sentiments et la politique déconnectés de l'économie conduisent à des résultats inverses de ceux qu'on recherchait.

Toutes ces données, accumulées, sont la cause évidente et imparable d'une crise majeure du logement, venue et à venir.

Qu'en est-il, alors, quant à cela le Covid vient mettre son grain de sel ?

2.
Distanciés, ou distancés ?

Puisque nous sommes en charge de logement junior, laissons-nous encore le luxe de poser des questions philosophiques. Car la première question qu'a spontanément impliqué la redoutable aventure du Covid pourrait se formuler ainsi : « Alors que la distanciation est toujours une bonne chose du point de vue intellectuel, pourquoi et dans quelle mesure cela s'inverse-t-il sur le plan social ? »

Autrement dit, un paradoxe.

Nous avons vu, au fur et à mesure des événements, des couvre-feux, des confinements, vu certains *leaders d'opinion*, en particulier les médias, tenter de nier le paradoxe, de chercher toutes les raisons non seulement de supporter, de patienter, mais d'admettre et de valoriser la situation dite de *distanciation sociale*. Et très vite, l'enjeu devint encore plus net, puisqu'il fut question d'incriminer, non seulement pénalement mais aussi moralement, ceux qui ne s'adonnaient pas aux nouveaux rituels de la distance. Tout d'un coup il devint *mal* de serrer la main, de s'embrasser, de fréquenter assidûment ses semblables. Ce qui, pendant des siècles, avait été le socle des bonnes mœurs, de la courtoisie, de la civilisation en Occident, devenait *comportement antisocial.*

Il était antisocial de se socialiser.

Ainsi, au moment du premier confinement, on s'exalta de la phrase de Pascal (« Tout le malheur des hommes vient de ne savoir pas demeurer en repos, dans une chambre. »)

On jugea alors que c'était une grande chance que ce retour à l'essentiel. On pouvait, par exemple, s'occuper davantage des siens, de sa famille (hélas, on vit aussi abonder la version *trash* de cette « occupation », avec une multiplication des violences conjugales.)

On pouvait mitonner des petits plats – lapin chasseur, taboulé au deux quinoas, saumon à l'étouffée, joignant l'utile à l'agréable. Les rubriques culinaires fleurirent ainsi dans les journaux les plus moqueurs, et même Libération donna sa chance aux *cordons bleus* et autres *paupiettes* qu'en d'autres temps, il aurait moqué comme des loisirs de petits bourgeois.

Ensuite, les jours s'allongeant, on greffa sur le Monde et le Figaro, puisqu'il faut des exemples, des surgeons du National Geographic. On découvrait avec émerveillement les chants d'oiseaux ressuscités, et quelques rares élus eurent la divine surprise de surprendre un renard, non loin du Palais Royal.

Ensuite, on se pencha avec toutes sortes de grimaces rédemptrices sur les maux divers subis par les diverses classes d'âge, déscolarisation des enfants, solitude des anciens dans leurs EPAHD, recul de l'amour, recul de la natalité…

Dans toutes ces prises de parole, dans tous ces rubans interminables de mots, on peut dire qu'on cherchait principalement à dissimuler un sentiment irrépressible et douloureux, à savoir que le confinement, le couvre-feu, les gestes-barrières et la distanciation sociale étaient épouvantables, et entraînaient une catastrophe sociale, économique, politique et civilisationnelle absolument tragique.

Loin de nous de nier la nécessité de ces éloignements des hommes. Il ne nous revient pas, dans ce petit livre, de juger des politiques sanitaires. Pas plus que de proposer des solutions alternatives à ce qu'un intellectuel comme Alain Badiou jugeait comme inévitables, malgré son propre tropisme révolutionnaire et sa détestation de notre organisation sociale.

Mais du même coup, nous sommes conduits, surtout dans notre métier, à affronter un paradoxe, qui s'accomplit sous nos yeux mais que nous peinons à dire clairement, sans doute parce qu'il renvoie à des questions trop profondes. Mais nous, qui sommes des hommes du bâtir, les rencontrons de façon trop quotidienne pour que notre sensibilité ne soit pas aiguisée.

Pourquoi *habiter* est-il un des besoins fondamentaux de l'homme ?

Pourquoi l'animal humain, le fameux *homme des cavernes,* est-il, justement, *des cavernes ?*

L'exposition du pavillon de l'Arsenal sous la direction de Philippe Rahm (« Histoire naturelle de l'architecture ») apporte une réponse tout à fait décisive à des questions fondamentales que notre époque profondément troublée nous oblige à reposer. L'homme se sédentarise au néolithique et pour garder ses enzymes à l'abri des aléas domestiques, elle invente l'architecture en ajoutant des murs aux toits des nomades, pour déterminer un espace clos, le *feu* donnant son nom au premier bâtiment construit, le « foyer ». On sait que le corps humain est homéotherme, et pour fonctionner, les enzymes responsables de notre métabolisme doivent évoluer entre 36,3 et 37,6 degrés ; il a donc besoin d'une régulation interne et externe qui implique l'habillement, mais aussi les migrations saisonnières. Quant aux villes, rappelons qu'on les a construites d'abord pour y entreposer le blé, après que les chasseurs cueilleurs des premiers temps s'étaient sédentarisés en découvrant la culture céréalière, accompagnée de son stockage. Ainsi, les villes construites autour de leurs temples étaient aussi de grands garde-manger.

La première et plus évidente réponse à notre question initiale est donc : on *habite* pour se protéger ; pour protéger son corps de ce qui, vu la fragile constitution humaine qui n'a pas les poils de l'ours et le cuir tanné des éléphants, le menace premièrement, à savoir la dureté du monde naturel. La pluie, le froid, l'excès de la chaleur.

Autrement dit, la maison est comme un vêtement : un abri, une protection, une séparation entre le monde et l'homme, afin de le protéger.

Mais voilà : l'homme ne se fait pas sa maison comme l'oiseau son nid, ou le lion sa tanière. L'homme n'est pas seulement un animal familial, avec des petits qu'il loge avec soi, il est aussi un *animal politique* – ce n'est pas nous qui le disons, c'est Aristote.

A savoir que, pour l'immense majorité des hommes (et il n'est que de voir comment le Misanthrope de Molière, quand il décide de partir de Paris et de fuir l'hypocrisie des relations sociales, annonce qu'il va partir, dans son château à la campagne, *au désert*), on construit son habitation certes à l'écart du monde naturel, mais non pas à l'écart des autres hommes. Nous disons là *l'essence d'une ville.*

Parler d'une ville, bâtir une ville, habiter une ville, c'est assumer une double postulation qui est caractéristique de la vie humaine : à la fois un désir de retrait de sa personne, d'une délimitation d'un espace qu'on appelle en langue moderne *l'espace privé,* et un désir, tout contraire, d'inscription de sa personne dans un espace collectif, partagé par tous les hommes, où la destinée humaine s'accomplit non seulement chez soi mais avec les autres, ou, pourrait-on dire, *avec les autres et chez soi,* sans les autres, sans ceux qu'on invite, justement, à franchir la frontière de l'espace privé.

On sait qu'avec les réseaux sociaux cette frontière a eu tendance à être remise en cause. Par Facebook où le quotidien se raconte, par Instagram où les moindres essayages (et déshabillages) se publient, par Twitter où les moindres rêvasseries se gravent, sinon dans le marbre, du moins dans l'électricité qui parcourt le monde, les hommes ont de plus en plus tendance à s'inviter les uns chez les autres, sans limite.

Or voilà que le Covid, comme un balancier de l'histoire extrêmement cruel, vient forcer les hommes à prendre une distance que toute la modernité, que toute la furieuse activité du réseau social, leur démentait.

Alors que nous étions de plus en plus appelés à tout partager, à tout faire ensemble (et cette fuite en avant du bain social avait quelque chose de presque effrayant, tant les limites du privé disparaissaient), il fallait que nous nous terrions en nous-mêmes, que nous redécouvrions les joies de la solitude – en tous cas, de la solitude des corps, et nous étions priés de rabattre nos désirs de socialisation sur notre avatar virtuel, sur notre *personnalité de réseau.*

On le comprend : c'est la *ville humaine* qui vient de vaciller, ou plutôt qui a commencé de vaciller avec le Covid, et l'on ne sait pas trop jusqu'où ce vacillement nous conduira.

Certes, on continue de bâtir, certes, les grues et les marteaux piqueurs continuent, maintenant que les chantiers ont été rouverts, de chanter la musique des villes, mais entre la menace d'étouffer et de se faire ventiler à l'oxygène[3], cette atroce épreuve de l'épidémie, et celle de se faire voler notre personne pas nos avatars, au point que nous ne serons plus nous-mêmes dans la Matrix finalement platement réaliste du réseau social que dans les rues de la ville, n'est-ce pas toute notre humanité que notre progrès nous fait, non pas tant distancier, que *distancer,* c'est-à-dire perdre, loin derrière nous, poursuivant la chimère d'une survie qui n'a plus ni sol à habiter ni lieu à bâtir ?

---

3. Rappelons, d'ailleurs, que l'histoire de Central Park, mais aussi des grands parcs parisiens (Buttes Chaumont et bois de Boulogne et de Vincennes) ont obéi à des nécessités d'aération des villes, de la même façon que les grandes artères haussmanniennes répondaient aux nécessités de ventiler l'atmosphère parisienne pour la sauver des miasmes du choléra. La découverte de la photosynthèse par Priestley a donné un fondement scientifique à la nécessité de créer les espaces verts pour favoriser la santé des habitants.

3.
Durable ou éphémère ?

A cette épreuve du Covid, comme pour corser la difficulté, vient se surajouter une deuxième épreuve, qui nous montre bien que nous sommes en train de vivre, que nous le voulions ou non, que nous y trouvions ou pas du plaisir, un moment de transformation radicale de notre monde, ou tout au moins une redéfinition obligatoire et urgente de tous les fondamentaux auxquels nous tenons, et ceux que nous sommes prêts à sacrifier.

Rappelons que la subdivision archaïque, préhistorique (et toujours vraie) du privé et du public avait entraîné la création de lieux où nous allions pouvoir réaliser notre activité avec les autres, tandis que nos lieux personnels et familiaux en seraient distingués.

Certes, la famille du Petit Nicolas reçoit aussi le patron à la maison, mais sans compter les catastrophes semées par chacun des inénarrables acteurs de cette petite famille, on sait bien que ce n'est pas de la première évidence, et que l'introduction du partenaire public dans l'espace privé risque de se solder par beaucoup de blancs, de gêne, de ratés.

Le *bureau* était donc, dans le monde de l'immobilier, le lieu consacré à la part publique de notre activité, quand elle n'est pas strictement politique ; en ville, elle est donc ce qu'on appelle un *métier,* ou une *orientation professionnelle.* Or la plupart des métiers sociaux étant désormais tertiaires, donc non matériels, le bureau est ce qui prime, dans la culture contemporaine, sur l'usine pour décrire les lieux voués à la part sociale, ou sociable, de notre personne.

Mais une fois encore, le grand Réseau a frappé, suivi, comme une réplique à l'envers, de la bête Covid.

Alors le bureau a vacillé.

La voix du vaste réseau lui disait : « Mais enfin, tu n'as plus lieu d'être, cage à corps humains, car désormais nous volons, libérés, sur les autoroutes de l'information qui sont des fibres optiques ultra-rapides, et nous n'avons plus besoin d'être coincés les uns avec les autres ».

Comme nous l'avons dit dans le chapitre précédent, cela consistait en fait à remettre en cause la dimension de *zoon politikon,* d'animal politique dont parlait Aristote.

Mais il fallait admirer, en vertu d'une part de la foi dans le progrès, d'autre part de notre vassalité radieuse à nos maîtres californiens, et enfin de la fascination pour ce qui va vite, brille, bouge, bref, *semble* vivre (la page d'un écran, tout de même, quand bien même l'écran est ce qui *fait écran,* autrement dit vous sépare de ce qui est réel) le nouveau mode qui, à court terme, rendait effectivement caduque la notion de bureau.

A cela s'ajoute la parole du Covid : « Il faut que vous vous protégiez les uns des autres, il faut donc ajouter l'homme à la liste des dangers immédiats pour l'homme qu'étaient le froid, le chaud et la pluie. Il faut que l'homme n'avoisine plus l'homme, et donc que l'animal politique n'exprime sa nature d'animal politique… qu'à distance de toute existence politique – ou sociale. »

Pour les gestionnaires de l'immobilier, qui sont requis de suivre les évolutions de la société, comme pour les gestionnaires de l'entreprise, qui doivent à la fois maximiser les gains et satisfaire les clients, tout en donnant un sens à la vie de leurs salariés, ces grands impératifs ont sonné comme un très grand bouleversement.

Devant l'extrême, devant l'excès, on est toujours tenté de suivre la voie moyenne. Or ici, la voie moyenne consiste à chercher à composer entre les acquis presque inévitables de la nouveauté, et ce qu'il en était de la vie humaine avant que les grands séismes ne nous atteignent. A savoir qu'il y avait un travail et un lieu du travail.

En résultat l'invention d'un immobilier « 2.0 », pour reprendre le nouveau refrain systématique de tout ce qui a eu pour cause les apports du digital. Immobilier de bureaux allégé, modulaire, modulable, ultra-réactif.

Il ne fut plus question, dans les termes, que de panneaux modulaires, d'espaces transformables, de sortir aussi bien du modèle de la ruche que de celui de l'open space, en surchargeant l'espace d'informations qui désormais mêlait le loisir au métier – et, dans la réalité, que des lieux hyperconnectés, chargés d'objets hétéroclites comme la culture geek, babyfoots, toboggans, lieux de repos, salles de sport – tout ce que nous avons évoqué au commencement de ce livre.

Mais à cette nouveauté vient s'opposer une exigence tout aussi formelle, voire encore plus formelle et impérative, qui venait du fond profond des peuples et, singulièrement, de la jeunesse. D'une jeunesse plus accro au réseau social que la génération qui la précédait, mais n'en demandait pas moins le contraire. Non pas une abolition de l'Internet et du réseau – mais une préservation de la terre, et aussi de la civilisation humaine et des caractéristiques de la vie « politikon » de l'homme.

C'est ce qu'on appelle, en France, le *développement durable* et, aux Etats-unis, le *susbtainable development*.

Nous n'allons pas donner ici un cours d'écologie. Nous ne nierons pas non plus que l'esthétique du développement durable, fait souvent de matériaux naturels et assez légers et fragiles (le bois, par exemple, par opposition au béton), est compatible à certains égards avec ces nouvelles définitions de l'immobilier modulable, si propre à la nouvelle conception de l'immobilier de bureau et, plus en pointe encore, de coworking et de coliving. D'ailleurs, les espaces de ce genre se donnent souvent un look écolo, et le bric et broc sympathique a remplacé dans les espaces contemporains de travail les anciennes surfaces rationnelles et lisses que nous jugeons désormais trop froides.

Mais la question demeure : en quoi, en créant des espaces qui ne seront jamais stables, qui doivent toujours se penser comme transformables *dans l'heure*, font-ils vraiment du développement durable, c'est-à-dire où une durée, une pérennité, s'affirment pour mieux nous fonder, nous rassurer, nous construire ?

C'est toute la question générale posée par Pierre Caye, dans son livre déjà cité *Durer,* qui cherche à donner tant bien que mal les fondements d'un vrai développement durable, mais la chose n'est pas aisée.

Car tout de même, voulons-nous oui ou non un monde qui change exactement au rythme des clignotements du réseau (ce qui n'est pas ce que le grand économiste Joseph Schumpeter observait quand il mettait en exergue la phénomène de la destruction créatrice et le rôle de l'entrepreneur) ? Voulons-nous enfermer nos vies dans cette *vitesse* et toute la tension, toute l'angoisse qui peuvent en résulter, pour des hommes qui ne savent plus, donner du temps au temps ?

On voit, pour nous, dans le monde de l'immobilier, se dessiner des conséquences absolument décisives, sur l'éthique et la signification même de notre métier.

Nous les prendrons donc en compte dans le chapitre qui vient, et qui nous servira de conclusion.

4.
L'intouchable humanisme

Article du New York Times, paru au moment de la dernière vague d'attentats islamistes.

«La France incarne tout ce que les fanatiques religieux du monde détestent : la joie de vivre par une myriade de petites choses : le parfum d'une tasse de café et des croissants le matin, de belles femmes en robe souriant librement dans la rue, l'odeur du pain chaud, une bouteille de vin que l'on partage entre amis, quelques gouttes de parfum, les enfants qui jouent dans les jardins du Luxembourg, le droit de ne croire en aucun dieu, de se moquer des calories, de flirter, fumer et apprécier le sexe hors mariage, de prendre des vacances, de lire n'importe quel livre, d'aller à l'école gratuitement, jouer, rire, se disputer, se moquer des prélats comme des politiciens, de ne pas se soucier de la vie après la mort. Aucun pays sur terre n'a de meilleure définition de la vie que les Français».

Au fond, le drame de cet article, c'est qu'il n'est plus vrai. Plus, tout au moins, certain. La France vient de traverser une période qui sera sûrement lourde de très mauvais souvenirs, de rancœurs, à l'égard d'une épidémie qui lui a cette fois signifié clairement son déclassement (son absence notable dans la course aux vaccins en tant que pays, alors que les français – en tant qu'individus – y ont fait très bonne figure : l'exemple le plus criant est Moderna, dirigée par un français et financée depuis les débuts par nombre d'entrepreneurs et business Angels français), – en tous cas dans les sciences, qui ne sont pas la panacée universelle, mais qui ont actuellement le dessus sur les humanités – et surtout donné l'occasion d'exprimer jusqu'à l'absurde ses deux grandes passions, la passion autoritaire et étatique, avec les fameuses « attestations », avec les mesures toujours plus bureaucratiques, qui ont fait souvent citer Kafka ou Philip K Dick – en une des meilleurs magazines – et la passion contestataire, qui avait pris son envol avec les gilets jaunes, mais n'a jamais cessé depuis.

Et en arrière-fond de tout cela, le retour triomphant de la Chine, son rattrapage de l'Occident depuis la fin de Mao, après son déclassement dans les grandes nations, le déclin et la violence américaine, la faiblesse de l'Europe, les angoisses de plus en plus cuisantes à l'égard du digital à mesure que nos existences sont de plus en plus digitalisées, tout cela a fait de nous les témoins d'une énorme page qui semble vouloir se tourner de plus en plus vite, de plus en plus radicalement. Et pourtant – car ce pourtant est plus crucial que tout, surtout en ces moments de profonde incertitude. Ce pourtant est celui qui a toujours eu le dernier mot dans l'histoire. Ce pourtant a permis à toutes les générations de passer les caps dont on croyait qu'ils ouvraient sur des gouffres, pour finalement marcher à pied sec, une branche d'olivier à la main.

Pourtant, l'homme.

Pourtant, la sociabilité.

Pourtant, la ville.

Un très grand philosophe médiéval, Maïmonide, enseigne ceci : « La tâche des hommes est d'habiter ensemble dans des villes, car la tâche des hommes est *d'habiter le monde*. Ensuite, si les générations sont corrompues ou invivables, il faut effectivement aller dans un caravansérail dans le désert. » Mais s'il y a encore quelque chose à faire, pas de caravansérail, pas de fuite de la ville, éperdue et tragique, et même épaulée par les charmantes campagnes de pub pour les régions dans le métro. Nous n'avons pas l'âge, nous voulons dire : la civilisation n'est pas à ce point sénile, incapable d'agir, pour ne plus trouver comme issue à ses angoisses, à ses problèmes, que par la culture des topinambours et des courges muscades dans le Berri – malgré tout l'amour que nous portons au pays du Grand Meaulnes.

Ce qui est très pénible avec le Covid, c'est cette impression tenace que les choses que nous laissons filer malgré nous, parce que toute la situation, entre couvre-feu, restrictions et geste barrière, est à la dépossession de notre temps, de notre énergie, de notre quotidien, sont en train de mettre en place une situation qui ne tardera pas à être irréversible. Que nous sommes en train de préparer un monde nouveau sans savoir quelle forme il aura ; car il est en train de croître, lui aussi, derrière un masque qui nous dissimule son visage, qu'il est lui aussi caché derrière des gestes-barrière, et qu'il nous réserve des surprises que nous ne contrôlons pas du tout, et qui, sinon nous menacent, du moins nous inquiètent. Une troisième grande révolution qui va consister à « augmenter » l'homme pour le meilleur et pour le pire, sous couvert de lui dessiner un monde écologique ? Qu'en sera-t-il, demain, des commerces ? Des bureaux ? Des théâtres, des cinémas ? Seront- ils drastiquement raréfiés ? Faudra-t-il désormais se ravitailler à distance, faire son shopping à distance, comme on le voit à Londres, ville absolue du commerce, chef-d'œuvre de la ville marchande, qui a vu des chaînes comme Topshop, ou encore le célébrissime Debenhams, remontant au XVIIIe siècle, se faire racheter par des opérateurs numériques comme Asos ou, s'il n'existait pas il faudrait l'inventer sur le mode « sortez vos mouchoirs », Boohoo.

Sortirons-nous nos mouchoirs ? Pleurerons-nous, après le Covid, un monde plus léger et plus joyeux, alors qu'il se déclarait déjà, en France, depuis si longtemps, victime de dépression ?

Chez Open Partners, nous sommes convaincus du contraire.

Nous ne croyons pas à l'optimisme, s'il est dogmatique, pas plus que ne croyons à son inverse.

Nous ne voulons pas faire comme si la communication d'entreprise, jadis si feutrée, désormais si erratique, tantôt provocatrice, tantôt conservatrice, tantôt sympa et « djeun » déterminait non seulement notre discours, mais encore notre réflexion.

Cet âge où l'on pouvait citer des mots d'ordre sans réfléchir, où l'on pouvait croire aux vertus de l'entreprise et du marché, de l'innovation et de la destruction créatrice sans trop se poser de questions, est révolu, c'est bien certain.

Ce ne sont pas nos slogans et nos mots d'ordre qui nous animent, en cette fin (ou cette demi-fin, ou ce commencement de fin) de crise du Covid.

Ce ne sont pas les derniers discours des gueulards, des pusillanimes, des vrais et faux rebelles, des vrais et faux prévisionnistes et futurologues, qui dirigent notre conception de l'entreprise, de l'art de bâtir, et, en perspective de notre ouvrage, de l'habitat junior et de l'habitat senior, nous qui avons le redoutable privilège de développer des résidences qui font partie des grandes questions que nous avons rappelées ici, touchant l'avenir de notre organisation, de notre civilisation – touchant aux questions de la séparation du public et du privé, des jeunes et des moins jeunes, et des espaces connectés et de travail partagés, de demain.

C'est un ensemble de principes dont nous pourrions tranquillement, sans aucune gêne ni aucune honte, avouer les sources, qui sont diverses d'ailleurs, mais qui nous paraissent devoir être gardées plus que jamais, avec plus d'intensité et de véracité que jamais.

Il s'agit d'abord de l'amour de la sociabilité, il s'agit ensuite de l'amour du beau, et il s'agit enfin de l'espoir dans la jeunesse.

Amour de la sociabilité, parce que rien n'est plus beau que la paix, que ce mot est sans doute le plus transcendantal de tous les mots, et que jamais la paix n'advient sans que les hommes n'aient édifié un espace commun de partage. Nous devons construire le lien, nous devons aider à trouver ses semblables. Voilà pourquoi, par exemple, nous avons pensé avec tant de crainte et de tremblements, mais aussi d'enthousiasme, la question des parties communes dans nos résidences ;

Amour du beau, qui ne peut se passer d'un sens de la pérennité, de la distance à l'égard du passager, du mortel, de l'éphémère, mais se donne le temps de se penser, de s'édifier, de se patiner – car c'est avec le temps, ainsi que l'a montré Proust de façon immortelle et définitive, que se construit la beauté.

Amour de la jeunesse, dans nos résidences junior où nous voulons donner aux jeunes ce qu'ils demandent et qu'ils voient aujourd'hui comme important, un espace de travail, un espace de vie, une fluidité, une souplesse, une adaptation à leurs besoins mouvants ou du moins changeants – certes. Mais aussi, et peut-être surtout, des lieux pensés dans la bienveillance, pour la bienveillance ; pour le cocon, pour l'abri, pour le calme, mais aussi pour la fête, pour la détente, pour la… jeunesse. Des lieux qui durent, des lieux qui sont solides, sur lesquels on peut s'appuyer, s'appuyer sur les murs, s'appuyer sur les tables, s'appuyer sur les hommes qui l'habitent, et sur les hommes qui les construisent. Nous voulons être source de proposition, d'invention, d'innovation, et résister à l'immobilisme et à un conservatisme frileux.

L'humanisme a inventé l'architecture moderne de l'Occident.

L'humanisme, avec Alberti et Vitruve, les maîtres fondamentaux de l'architecture, est le fondement de toute vraie approche architecturale.

Eh bien, nous le disons avec certitude et confiance, l'humanisme existe encore, et même mieux, il nous attend encore, et demande à être *réactivé*, à une époque si tendue et si craintive.

Humaniser le contemporain, humaniser le digital, humaniser le co-travail, et demain, qui sait, humaniser les pratiques de gestion statistiques à la fois si algorithmiques et si chinoises, voilà qui est notre tâche, à nous tous.

Et nous, chez Open Partners, nous nous engageons pour cela – afin de construire des résidences qui durent, qui embellissent, qui accompagnent, et tout simplement qui *vivent la ville*.

*

A cette fin, les enjeux du post-Covid qui semblent se dessiner pourraient se donner, sinon deux axes principaux, mais du moins deux emblèmes-clés : d'une part, la question de la province, de ce que nous osons encore appeler « province » qui fleurent encore bon le subalterne et l'inférieur, alors que la seule chance qui nous reste est d'assumer toute notre richesse, tout notre patrimoine, et de nous décider enfin à leur rendre le *développement durable* qu'ils méritent.

En France, nous avons la bonté du Nord, nous avons les richesses de l'Alsace, les splendeurs des montagnes, la splendeur matissienne du Midi, les romantismes de la Bretagne, les délices d'Aquitaine… Hélas, nous savons que des siècles de centralisme, qui date au moins de Colbert, qui se sont accentués sous Napoléon, ont contesté à cette mosaïque toute sa splendeur et son attractivité ; mais il est grand temps que cela change, et le vent tourne sur cette question.

Tous ces espaces, loin d'être des banlieues de la capitale sous prétexte que les grands décideurs économiques, politiques et financiers s'y trouvent, sont pour les jeunes autant de pistes d'envol vers leur vie.

Il est non pas seulement équilibré, non pas seulement plus juste, de donner enfin toute sa chance à la totalité du territoire français, aux régions de France, mais c'est un défi vital aussi bien pour la société, que pour la capacité française d'invention et de création qui, désormais, pâtit de son centralisme.

On sent bien, depuis une petite décennie, qu'un mouvement est en train de s'amorcer. Il est urgent de l'accompagner, de le développer, de le magnifier. Pour cela, la place de la jeunesse, dans les coeurs de ville, de *toutes nos villes,* est celle du premier rôle. C'est pour cela que chez Open Partners, nous ne concevons le partenariat entre les étudiants, jeunes actifs et municipalités, que comme un « gagnant gagnant ».

Au point qu'il y a là notre « deuxième axe ». Nous concevons nos résidences comme des « pépinières », comme ces lieux où les jeunes pousses qui s'élaborent, se protègent, sont les arbres à l'ombre desquels on s'ombragera demain. Mais pour cela, il faut que ces pépinières soient non seulement des espaces qui *tolèrent* les étudiants et les jeunes actifs, mais encore qui les accompagnent, les aident, leur permettent de se déployer et de s'épanouir.

C'est dans cette perspective que nous avons décidé de travailler avec Digital Village, le plus inventifs des hôtes du co-travail. Loin d'offrir des gadgets à ses espaces, Digital Village forme, accompagne, avec son organisation effective de *village* (son maire, ses conseillers, etc.) ceux qui vont, avec le numérique, construire leur métier d'aujourd'hui et de demain.

Encore une fois, il est requis, avec le digital, de dominer une technique qui pourrait, si elle n'était pas maîtrisée, vraiment enseignée, vraiment transmise, ravager ce qu'elle devrait magnifier. Nous pensons que Digital Village est un de ces outils de maîtrise et de formation qu'il faut pour aider les jeunes actifs à se doter de vraies armes dans le monde professionnel nouveau.

Voilà donc une ville aux allures de territoire, de pépinière, et de connectique.

Voilà une ville qui ne doit pas ressembler aux espaces dévastés de Wall-E, avec ses territoires pollués et sans âme, sans but, sans lendemain ; voilà une ville qui doit se construire, grande, petite, moyenne, avec la direction, la durabilité, et les qualités d'une nature humanisée. Voilà pourquoi, chez Open Partners, nous avons décidé d'opter pour les critères d'une économie circulaire, non pas seulement parce qu'il y a là un mot d'ordre obligé, mais parce qu'effectivement, et même lorsque *ça bouge* et même lorsque *ça tangue,* il faut, en tous, *que ça dure.*

APPENDICES

Le questionnaire d'Yves Crochet

Quelle est votre ville préférée ?
Belleville

Quel est votre immeuble préféré ?
La maison dans la cascade de F.L. Wright

Qu'est-ce que construire ?
C'est l'avenir

Qu'est-ce qu'habiter ?
Pour certains ce peut-être le rêve d'une vie : devenir propriétaire, pour moi qui suis locataire sur Terre, c'est pouvoir changer de lieu de cadre à mes aspirations du moment au gré de mes envies.

Quelle est la ville que vous n'habiterez pas ?
Ankara

Quelle est la maison que vous revendrez ?
la prochaine que je dessinerai, je viens déjà d'en vendre une que j'avais construite, sans regrets, je ne suis pas attaché aux choses

Quelle est la population que vous aimez, et quelle est la population que vous détestez ?

Quelques turcs, quelques turcs.

Ile déserte ou noyé dans la foule ?

Noyé dans la foule à Haïti, pas en Angleterre.

Où allons-nous, d'où venons-nous, et pourquoi ?

Devant avec des raccourcis et des rallongis, pour profiter de la vie qui est quelquefois si jolie.

Le questionnaire
de Laurent Strichard

Quelle est votre ville préférée ?
Paname

Quel est votre immeuble préféré ?
Le Louvre car j'aime l'idée d'habiter dans l'Histoire

Qu'est-ce que construire ?
Bâtir la citadelle des hommes au milieu du désert, façon Saint-Exupéry

Qu'est-ce qu'habiter ?
Trouver sa tanière avec son homard

Quelle est la ville que vous n'habiterez pas ?
Le Caire d'aujourd'hui

Quelle est la maison que vous revendrez ?
Celle où mes enfants ne voudront plus vivre

Quelle est la population que vous aimez, et quelle est la population que vous détestez ?

Celle qui aime le Paradis terrestre contre celle qui aliène sa liberté et cherche des boucs émissaires à ses Enfers !

Ile déserte ou noyé dans la foule ?
Ile déserte, toujours la tentation, pourquoi pas Pâques ?

Où allons-nous, d'où venons-nous, et pourquoi ?
Je cherche toujours, j'ai bon espoir

Votre questionnaire

Quelle est votre ville préférée ?

Quel est votre immeuble préféré ?

Qu'est-ce que construire ?

Qu'est-ce qu'habiter ?

Quelle est la ville que vous n'habiterez pas ?

Quelle est la maison que vous revendrez ?

Quelle est la population que vous aimez, et quelle est la population que vous détestez ?

Ile déserte ou noyé dans la foule ?

Où allons-nous, d'où venons-nous, et pourquoi ?

LES ENQUÊTES DU LAB

Le projet d'amendement
pour les residences pepinières

EXPOSÉ DES MOTIFS

1. Cet amendement vise à créer une nouvelle catégorie de résidence d'habitat collectif dans le code de la construction et de l'habitation : la résidence pépinière, à destination des étudiants en fin de cycle et des jeunes actifs. Elle a donc vocation à accueillir un public plus large que celui des résidences universitaires visées par l'article L. 631-12 du Code de la construction et de l'habitation et se distingue de la résidence-services visée à l'article L. 631-13 du même code en ce qu'elle a vocation à remplir une mission d'intérêt général de soutien à l'emploi.

Cette nouvelle catégorie d'habitat collectif permettrait ainsi d'offrir aux collectivités un instrument pour développer l'attractivité économique des territoires, notamment les plus vulnérables, en soutenant des appels à projets novateurs.

Elle s'inscrit en cela dans l'un des objectifs de la loi 4D, à savoir offrir aux territoires les moyens d'être plus dynamiques face aux principaux défis auxquels ils font face et notamment le logement des jeunes.

COMMENTAIRE

L'objectif est de :

1. Permettre ainsi de répondre concrètement au principe de différenciation territoriale afin de « *mieux prendre en compte la diversité des territoires sans pour autant rompre avec le principe cardinal d'égalité sur le territoire de la république* » (art. 2 du projet de loi). En donnant aux collectivités locales davantage de responsabilités « *par le renforcement du pouvoir réglementaire dont elles disposent pour l'exercice de leur compétence* », celles-ci sont mieux à même de porter des « *projets structurants* » sur les territoires.

2. Permettre également de favoriser, dans le cadre de la décentralisation et de la décomplexificiation administrative, la réalisation de ces « projets structurants » au moyen d'une simplification des formalités et procédures.

2. La résidence pépinière a en effet vocation à concilier deux objectifs :

D'une part, elle permet d'augmenter une offre de logement à l'attention des jeunes confrontés à une crise du logement et au chômage et ainsi de faire face à leur essor démographique et à leur besoin de mobilité. L'idée est donc de favoriser des logements adaptés, tant du point de vue de leurs caractéristiques architecturales que de leur régime locatif.

D'autre part, outre qu'elle favorise le développement des réseaux professionnels des jeunes, elle a pour ambition de favoriser la création d'espaces collectifs dédiés à la formation, à la création d'entreprises au profit des jeunes actifs et au travail à distance. Elle remplit à ce titre une mission d'intérêt général en servant une politique de soutien à l'emploi de cette population spécifique dans des secteurs réputés porteurs relevant de l'économie digitale ou numérique.

COMMMENTAIRE :

L'objectif est de :

1. favoriser des leviers de croissance car le numérique est le secteur qui recrute le plus en France (*site econo-mie.gouv, la French tech recrute : 10 000 recrutements prévus en 2021*).

« Les start-up ne sont plus ces petites sociétés que l'on regardait avec curiosité. Elles sont devenues des acteurs à part entière du secteur du numérique. Selon Syntec Numérique, le secteur emploie 530 000 personnes en France, dont 80 % de cadres et 93% de CDI (source Le Monde « Start-up : un secteur qui crée de plus en plus d'emploi, 14 février 2021) ».

2. Prolonger ainsi, en le complétant, le dispositif mis en œuvre dans le cadre du plan de relance « *1* *jeune, 1 solution* » pour faciliter l'entrée dans la vie professionnelle des jeunes de moins de 26 ans qui vise pour l'essentiel l'apprentissage.

Les résidences pépinières pourraient faire le lien avec des organismes de formation aux métiers du numérique – à l'exemple de la grande école du numérique qui a pour objectif de favoriser l'insertion socio-professionnelle des jeunes et qui prévoit ainsi de former 28 000 personnes dont 56% peu ou pas qualifiés.

3. Favoriser la mise en place d'un nouveau maillage territorial axé sur la mobilité et l'économie numérique.

L'idée est de mettre en œuvre une organisation en réseau sur le territoire d'espaces comprenant à la fois locaux d'habitation et locaux d'activité adaptés à l'économie numérique et digitale.

Extrait de l'édito du 14 mai 2021 de Madame Alexandra François-Cuxac Présidente de la FPI France : « *En réinventant son modèle de croissance, en adaptant les compétences de ses salariés par la formation professionnelle, en logeant les jeunes, les actifs et les personnes âgées, les promoteurs immobiliers sont des chefs d'entreprise dont le courage et l'énergie devraient être mis au service de la sortie de crise et de l'emploi* ».

Les pépinières d'entreprises sont déjà existantes, elles sont destinées à l'accueil temporaire de créateurs d'entreprises s'étendant sur le territoire sous forme de location précaire avant une installation pérenne.

Mais aucun dispositif n'a été mis en œuvre en parallèle pour associer les services proposés par ces pépinières d'entreprises à une offre de logements adaptés.

La résidence pépinière a pour objectif de combler ce vide.

3. La résidence pépinière est donc une résidence hybride où la mixité fonctionnelle est essentielle.

Elle est vouée à constituer un « *établissement destiné au logement collectif à titre de résidence principale dans des immeubles comportant à la fois des locaux privatifs, meublés ou non, et des locaux affectés à la vie en collectivité ou à la vie active* », mais, à la différence des résidences sociales ou universitaires, la résidence pépinière doit soutenir l'accompagnement individuel et collectif des jeunes créateurs d'entreprises hébergés dans cette structure intégrée, tout en permettant également de développer l'attractivité économique des territoires réputés plus vulnérables.

Les collectivités ont donc un rôle essentiel à jouer en pouvant proposer, outre des aides financières ciblées, un accompagnement logistique et stratégique.

COMMENTAIRE

1. Les locaux non privatifs seraient affectés à la vie active, et dédiés spécifiquement aux métiers de l'économie numérique et digitale.

Axées sur l'activité professionnelle des jeunes, les résidences pépinières se distinguent à ce titre des résidences services existantes qui ne proposent généralement à leur clientèle que des services destinés à la vie en collectivité, à l'instar des services dits du quotidien (ménage, laverie, petit déjeuner…), inadaptés aux besoins des jeunes mais nécessaires à l'obtention d'avantages fiscaux, et des espaces de restauration ou sportifs.

2. En toute hypothèse, en l'état de la réglementation fiscale, les résidences services étudiantes ne peuvent pas accueillir de jeunes actifs, lesquels sont pourtant tout autant confrontés à la pénurie de logements que les étudiants.

A date, donc, le concept de résidence pépinière n'entre dans aucune des catégories juridiques prévues par la réglementation freinant par là-même la production de ce type de logements correspondant en tous points aux besoins actuels des jeunes

4. Assignées à servir une politique de soutien à l'emploi des jeunes, les résidences pépinières remplissent un objectif d'intérêt général comparable à celui relevant de la mixité sociale. Pour autant, l'objectif est différent de celui devant permettre à toutes les catégories de publics éligibles au parc social d'accéder à l'ensemble des secteurs d'un territoire. Les logements compris dans une résidence pépinière ne peuvent donc répondre à la typologie des logements sociaux énumérés à l'article L.302-5 du Code de la construction et de l'habitation.

Afin que ces dispositions ne constituent pas un frein au développement des résidences pépinières, il convient donc que les logements dédiés puissent être exclus du champ d'application de l'article L.302-5 du Code de la construction et de l'habitation.

ARTICLE ADDITIONNNEL

APRES L'ARTICLE 22, insérer l'article suivant

I. – Le chapitre 1ᵉʳ du Titre III du Livre III du code de la construction et de l'habitation est complété par une section VI ainsi rédigée :

« Section VI : La résidence pépinière »

« Article L. 631-16-1.- La résidence pépinière est un établissement destiné au logement collectif à titre de résidence principale dans des immeubles comportant à la fois des locaux privatifs, meublés ou non, et des locaux affectés à la vie active. Cet établissement accueille des étudiants en fin de cycle, des personnes de moins de trente ans en formation ou en stage, des chercheurs et des jeunes actifs.

« Le contrat de location a une durée maximale d'un an. Il peut être renouvelé à trois reprises »

« Le résident ne peut pas céder le contrat de location ».

II.- La dernière phrase de l'article L. 302-5 du Code de la construction et de l'habitation est ainsi complétée « les résidences principales retenues pour l'application du présent article sont, à l'exception de celles mentionnées à l'article L. 631-16-1, celles qui figurent au rôle établi pour la perception de la taxe d'habitation ».

III.- Au 3° de l'article L. 151-34 et au dernier alinéa de l'article L. 151-35 du code de l'urbanisme, après le mot : « universitaires », sont insérés les mots « et résidences pépinières »

IV. Aux trois alinéas du III de l'article 40 de la loi n° 89-462 du 6 juillet 1989 tendant à améliorer les rapports locatifs et portant modification de la loi n° 86-1290 du 23 décembre 1986, après le mot : « universitaires » sont insérés les mots : « et résidences pépinières ».

Table des matières